现代创意新思维

DESIGN

十三五高等院校
艺术设计规划教材

手机游戏
美术设计

李瑞森　王军华　孙一铭　编著

U0310404

人民邮电出版社

北　京

图书在版编目（CIP）数据

手机游戏美术设计 / 李瑞森，王军华，孙一铭编著
. -- 北京 ：人民邮电出版社，2019.6
（现代创意新思维）
十三五高等院校艺术设计规划教材
ISBN 978-7-115-49447-4

Ⅰ．①手… Ⅱ．①李… ②王… ③孙… Ⅲ．①移动电
话机－游戏程序－程序设计－高等学校－教材 Ⅳ.
①TN929.53

中国版本图书馆CIP数据核字(2018)第219616号

内 容 提 要

本书整体分为四大部分：手机游戏美术设计概论（第1章）、手机游戏 2D 美术设计与制作（第 2 章）、手机游戏 3D 美术设计与制作（第 3～5 章）、手机游戏引擎美术设计（第 6 章）。第一部分主要从宏观角度介绍手机游戏美术设计领域的方方面面；第二部分讲解 2D 手机游戏的设计与制作；第三部分主要从 3D 模型与贴图技术、手机游戏 3D 场景美术设计和手机游戏 3D 角色美术设计等方面来讲解；第四部分介绍游戏引擎的定义、主流手机游戏引擎的基本知识、手机游戏引擎编辑器的使用流程和实例制作等内容。

本书内容全面，结构清晰，通俗易懂，既可作为相关设计院校的专业教材，也可作为游戏爱好者进入手机游戏业的入门参考书。

◆ 编　著　李瑞森　王军华　孙一铭
　　责任编辑　左仲海
　　责任印制　马振武

◆ 人民邮电出版社出版发行　　北京市丰台区成寿寺路 11 号
　　邮编　100164　　电子邮件　315@ptpress.com.cn
　　网址　http://www.ptpress.com.cn
　　涿州市京南印刷厂印刷

◆ 开本：787×1092　1/16
　　印张：15.75　　　　　　　2019 年 6 月第 1 版
　　字数：336 千字　　　　　2019 年 6 月河北第 1 次印刷

定价：49.80 元

前言
Foreword

虚拟游戏作为科技时代的产物，如今已经成为人们生活的重要部分，越来越多的人利用碎片时间进行游戏娱乐。在如今快节奏的生活时代，传统的PC游戏和家用游戏机游戏已经不能满足人们的需求，很多人并没有充足的时间来坐在较大的屏幕前去进行游戏。在这样的前提下，一种新型的游戏形式开始蓬勃发展，那就是手机游戏。

智能手机的普及为手机游戏的发展奠定了坚实的基础。同时，手机游戏不受游戏场地的限制，游戏文件小，方便下载，游戏内容简单，易于上手，这一系列的特点让手机游戏迅速发展为当今虚拟游戏产业中的主流力量。很多人可能从来不会坐在个人计算机前专门玩游戏，但是会在无聊的时候打开手机里的小游戏消磨时光。现在常常可以看到四五十岁的中年人拿着手机玩得不亦乐乎，对于年轻人来说，手机游戏更像家常便饭，手机游戏对用户群体的包容性成了这个产业迅速发展的前提。

2017年，中国手机游戏市场规模达到1150.8亿元，2018年的市场规模继续扩大，我国的手机游戏用户规模预计将突破5.5亿人。随着市场规模和用户群体的高速增长，制作公司对于手机游戏制作人员的需求也将大大提高。

本书全面讲解了手机游戏美术设计的相关内容，涉及手机游戏美术设计概论、手机游戏2D与3D美术设计和游戏引擎等。本书既有专业理论知识的阐述，也有专业软件技能的讲解，还利用大量实例帮助读者更加直观、具体地学习。通过本书的学习，读者将系统地了解手机游戏项目研发中美术设计的"流水线"，清楚其中的每一个具体环节。对于有志进入手机游戏美术设计行业的新人来说，可以通过本书明确日后的学习和发展方向，选择适合自己的岗位，让之后的职业化道路更加顺利。

由于编者水平有限，书中不足和疏漏之处在所难免，恳请广大读者提出宝贵意见。

编者
2018年11月

目录
Contents

第 1 章

手机游戏美术设计概论

1.1 | 手机游戏美术设计的概念

游戏美术设计是指对游戏作品中所用到的所有图像及其他视觉元素的设计工作。通俗地说，凡是游戏中所能看到的一切画面元素，包括地形、建筑、植物、人物、动物、动画、特效、界面等，都属于游戏美术设计的范畴。手机游戏美术设计就是指手机游戏项目中的美术设计工作。

在手机游戏制作公司的研发团队中，由游戏美术部负责所有美术的设计与制作工作。根据不同的职能，美术部又包括原画设定、2D制作、3D制作、关卡地图编辑、界面设计等不同岗位。

对于手机游戏美术设计来说，首要问题就是确定游戏的美术风格。游戏产品通过画面进行视觉表达，正是因为不同游戏中的不同画面表现，才产生了各具特色的游戏类型，所以游戏的美术风格起到决定作用。需要注意的是，游戏在立项后，其美术风格并不只由美术部门来决定，需要和策划及程序部门共同讨论决定。

首先，美术风格要与游戏的主体规划相符，这需要参考策划部门的意见，如果游戏策划中的项目描述的是一款中国古代背景的游戏，那么就不能将美术风格设计为西式或者现代风格。其次，美术部门选定的游戏风格及画面表现效果还要在技术范畴之内，这需要与程序部门协调沟通，如果想象过于天马行空，而现有技术水平无法实现，这样的方案也是行不通的。下面简单介绍一下手机游戏美术设计的常见风格及分类。

手机游戏画面常见的风格一般分为Q版风格和写实风格。从手机游戏诞生之初，Q版游戏画面一直是手机游戏美术画面的主流。这主要有两个原因：第一，Q版画面风格可爱，更容易拉近与玩家的距离，同时还可以吸纳各个年龄层的玩家群体；第二，受游戏研发技术和手机硬件的影响，对于早期的手机游戏来说，采用Q版画面降低了游戏制作的难度，也更加匹配手机硬件的功能。

Q版风格是指将游戏中的建筑、角色和道具等美术元素的比例进行卡通艺术化的夸张处理。例如，Q版的角色都是4头身、3头身甚至2头身的比例（见图1-1），Q版建筑通常为倒三角形或者倒梯形的设计。目前，Q版画面风格的手机游戏仍然占有较大的市场份额。

近几年，除了Q版画面风格的手机游戏外，越来越多的写实风格手机游戏在市面上出现，这主要得益于3D技术的大力发展。越来越多的3D游戏引擎开始兼容手机游戏的开发，特别是Unity 3D这种定位于移动平台游戏开发的引擎，为3D写实风格手机游戏的开发提供了极大的方便和支持。

写实风格是指游戏中的角色和建筑等基本都是按照与现实一样（即1：1）的比例来进行设计和制作的，不像Q版一样进行夸张处理，而是尽可能追求最真实的画面表现效果（见图1-2）。如今市面上绝大多数的写实风格手机游戏都是3D画面游戏。随着手机硬件的飞速发展，3D手机游戏的画面质量将不断接近PC平台游戏的标准。

• 图1-1｜Q版风格的手机游戏角色

• 图1-2｜写实风格的手机游戏画面

　　根据类型，我们还可以将游戏画面分为像素、2D和3D等风格。像素风格是指游戏画面由像素图像单元拼接而成。早期的手机屏幕都是黑白液晶屏，手机游戏基本都采用像素画面，如《俄罗斯方块》《贪吃蛇》等。

　　2D风格游戏是指采用平视或者俯视画面的游戏。可以说，在3D技术出现以前，所有游戏都属于2D风格游戏。为了区分，这里所说的2D风格游戏专指较像素画面有大幅度提升的精细2D图像效果的游戏（见图1-3）。

　　3D风格是指由3D软件和3D游戏引擎制作出的可以随意改变游戏视角的游戏画面效果，是当今主流的游戏画面风格。如今，越来越多的手机游戏公司开始制作全3D的游戏，以从技术和画面上吸引更多的手机游戏玩家。虽然3D风格游戏是一种主流,但像素风格和2D风格类型的手机游戏仍然占有很大的市场份额。

· 图1-3 | 2D风格手机游戏画面

另外,我们从游戏世界观、故事和背景的角度出发,又可把游戏美术风格分为西式、中式和日韩风格。西式风格就是以欧美国家为背景设计的游戏画面美术风格,这里所说的背景不仅指环境场景,还包括游戏所设定的年代、世界观等游戏文化方面。中式风格是指以中国传统文化为背景所设计的游戏画面美术风格,这也是国内大多数游戏常用的画面风格。日韩风格是一个笼统的概念,主要指日本和韩国游戏公司所制作的游戏画面美术风格,多以幻想题材来设定游戏的世界观,并且善于将西式风格与东方文化相结合,往往具有明显的标志特色(见图1-4)。

· 图1-4 | 日韩风格的手机游戏

1.2 | 手机游戏的发展

从20世纪80年代的"大哥大"跃入人们的视野，到如今的智能手机风靡全球，手机已与人们形影不离。现在人们手中的智能手机不仅可以打电话、发短信，还可以浏览网站、播放视频、处理文字、游戏娱乐等，移动电话已经从原来单纯的通信工具发展成为综合性便携智能娱乐平台。当手机平台上出现第一款电子游戏时，手机便与虚拟游戏产生了交集。如今，手机游戏已经成为人们生活中必不可少的一种娱乐方式，而且逐渐发展成为独立的游戏门类。在本节中，我们将详细介绍一下手机游戏的发展历程。

1.2.1 Java平台时代

最早的手机游戏属于嵌入式游戏，这是一种将游戏程序预先固化在手机芯片中的游戏。由于这种游戏的所有数据都是预先固化在手机芯片中的，因此这种游戏无法进行任何修改，也不能更换其他游戏。用户只能玩手机中已经存在的游戏，并且不能将它们删除。诺基亚早期手机中的"贪吃蛇"就是嵌入式游戏的典型例子。

1998年10月，芬兰的著名移动通信生产商诺基亚公司推出了一款专门为年轻人设计的手机——"变色龙6110"（简称6110）。相对于早期的"大哥大"来说，它在当时已算是十分轻巧的手机了。6110最大的贡献是开创了内置手机游戏的先河，其内置的"贪吃蛇"游戏迅速风靡全球（见图1-5）。如果用今天人们对手机游戏的眼光来衡量，贪吃蛇恐怕连简陋都算不上。在6110那块小小的屏幕内，用黑色像素组成的黑线来表示"小蛇"，通过控制"小蛇"可以进行90°转向，靠吃屏幕中用亮点表示的"食物"来不断变长，长度越长，游戏得分越高。如果"小蛇"头尾相撞或撞到屏幕边缘，游戏就结束，这就是"贪吃蛇"的游戏方式和全部内容。

• 图1-5 | 诺基亚6110手机和内置的"贪吃蛇"游戏

当时，6110手机使用的是一块1英寸（1英寸=2.54厘米）左右的黑白液晶屏幕，其内置的PCD8544显示芯片控制着屏幕的显示内容，贪吃蛇就是通过这个芯片以小方格的方式显示出来的。尽管受到软硬件的制约，并且当时的手机游戏形式单一、画面简陋，但"贪吃蛇"引领的"拇指游戏"风潮却受到了手机厂商的重视，之后，手机内置游戏成为各品牌手机的重要卖点之一。

随着手机在人们生活中所发挥的作用越来越重要，手机在软件功能和硬件配置上也得到了不断升级。2000年以后，彩色液晶屏幕开始兴起，手机有了彩屏后，内置游戏就不再只是简单的屏幕闪烁和图形变换，而开始注重游戏的趣味性、故事性和可玩性。与此同时，由于手机对Java语言程序的支持，第三方软件厂商也开始尝试开发手机游戏。

Java是由Sun公司于1995年5月推出的Java程序设计语言和Java平台（即Java SE、Java EE、Java ME）的总称。从2002年开始，越来越多的手机游戏开始利用Java语言进行设计和研发。依靠自身强大的可拓展性和移植性，Java手机游戏成为当时手机上最通用的一种平台游戏。Java手机游戏在智能手机出现之前可谓红极一时，只要是支持Java程序的手机都可以安装，同时由于Java手机游戏的通用性极强，游戏开发一次便可适用绝大部分机型，所以当时绝大多数的手机游戏都是Java游戏。

摩托罗拉是当时的手机巨头，"波斯王子"（见图1-6）是当时摩托罗拉手机预置的一款Java游戏。游戏中，人们可以操控主角完成各种高难度的动作，游戏画面内容丰富，故事情节有趣。此后，"帝国时代2""彩虹六号""兄弟连""狂野飙车""FIFA足球"等PC游戏也陆续推出了专门针对手机的Java版本。从此，手机游戏全面进入Java平台时代，同时也开始向产业化方向发展。

·图1-6│Java手机游戏"波斯王子"

2003年10月，诺基亚公司发售了一款名为N-Gage的游戏手机（见图1-7）。N-Gage的出现打破了手机不适合玩游戏这个老观念。手机的外观类似一台游戏掌机，而且内置的蓝牙芯片还能够让手机像游戏机那样进行联机对战，10m之内没有网络延迟。N-Gage用户可以通过移动网络进行互联网对战。这是第一款专门用来玩电子游戏的移动电话产品，它的出现影响了手机游戏业和电子游戏业，开创了手机游戏的新纪元。

· 图1-7 | 诺基亚N-Gage游戏手机

在N-Gage手机中运行的游戏不仅仅有用Java语言编写的轻量级游戏，还增加了由C++语言编写的大型3D游戏。3D游戏的大小一般在30~50MB，部分大型3D游戏甚至会突破100MB。这些游戏是诺基亚联合世嘉等著名游戏开发厂商开发出来的，他们从游戏的销售中获得利润，形成了一条完整的移动游戏产业链。

诺基亚逐渐将N-Gage打造成了当时最流行的Java移动手机游戏平台，之后还陆续推出了N81、N-Gage2.0及N-Gage3300等经典机型。在此环境下，国内的手机游戏开发商开始发力，北京数位红软件公司开发了当时唯一一款中文手机游戏"地狱镇魂歌"（见图1-8），其画面的精致程度和游戏的故事性足以和PC端游戏"暗黑破坏神"相比。在这款游戏中，玩家获得了全新的视觉感受。该游戏的成功也给国产手机游戏厂商打了一针强心剂，为手机游戏的发展奠定了基础。

· 图1-8 | 国产N-Gage手机游戏"地狱镇魂歌"

虽然Java游戏的可移植性、通用性强，但当面对众多机型和不同分辨率的时候，适配不同的手机成为大问题，而且其对内存的消耗比用其他语言编写的手机游戏更难控制。另外，由于语言、技术的限制，Java游戏难以做出3D视觉效果的画面。因此，随着智能手机市场的兴起，Java手机游戏逐渐没落。

1.2.2 智能手机时代

智能手机（Smart Phone），是指和个人计算机一样，具有独立的操作系统，可以由用户自行安装软件、游戏、导航等第三方服务商提供的程序，可不断对手机的功能进行扩充，并可以通过移动通信网络实现无线网络接入的手机。因为智能手机具有优秀的操作系统、可自由安装各类软件、具有全触控式大显示屏幕等特性，所以完全取代了传统的键盘式手机。

智能手机是从掌上电脑（Pocket PC）演变而来的，最早的掌上电脑不具备手机的通话功能，但是随着用户对掌上电脑的各种功能越来越依赖，并且又不习惯同时携带手机和掌上电脑两个设备，所以厂商将掌上电脑的系统移植到了手机中，于是出现了智能手机的概念。世界上第一款智能手机是IBM公司于1993年推出的Simon，它也是世界上第一款使用触摸屏的智能手机，使用ROM-DOS操作系统，只有一款名为DispatchIt的第三方应用软件。它的出现为以后的智能手机奠定了基础，具有里程碑的意义（见图1-9）。

虽然IBM Simon从技术上讲是首款商业发售的、可以被称作智能手机的移动设备，但首次使用"智能手机"这个词汇的是爱立信R380（见图1-10）。这款手机在2000年上市，它是世界上首款运行塞班操作系统的手机。不同于当时的其他智能手机，爱立信R380的体形和重量都和普通手机差不多，仅重164g，而诺基亚9210 Communicator的重量则高达244g。R380的设计也非常有趣，在将键盘翻开之后，用户会看到一块空间充足的电阻式触控屏。在功能方面，爱立信R380预装了一系列管理工具，包括日历、待办事项、世界时钟、语音笔记和联系人管理器。它还内置了用于数据传输的红外接口，并可通过内部的调制解调器使用Wap浏览器访问互联网或收发邮件。

·图1-9｜IBM Simon手机　　　　　　·图1-10｜爱立信R380智能手机

虽然概念上的智能手机很早就出现了，但其在"智能化"程度上只能称作过渡产品，并非真正意义上的智能手机。直到2007年，美国苹果公司正式发布了旗下第一代移动电话产品iPhone 2G（见图1-11）。次年，第二代iPhone 3G也正式上市。iPhone的出现，正式拉开了新时代智能手机的序幕。在iPhone的带动下，全世界的许多公司，如谷歌、黑莓、HTC、摩托罗拉、三星、诺基亚等，也纷纷推出了自己的智能手机产品。

· 图1-11 │ 第一代iPhone智能手机

新时代的智能手机具有五大特点。

① 具备无线接入互联网的能力。即需要支持GSM网络下的GPRS、CDMA网络的CDMA1X或3G（WCDMA、CDMA-2000、TD-CDMA）网络，甚至4G（HSPA+、FDD-LTE、TDD-LTE）。

② 具有PDA的功能。包括PIM（个人信息管理）、日程记事、任务安排、多媒体应用、浏览网页等功能。

③ 具有开放性的操作系统。拥有独立的核心处理器（CPU）和内存，可以安装更多的应用程序，使智能手机的功能可以得到无限扩展。

④ 人性化。可以根据个人需要实时扩展机器内置功能及进行软件升级，智能识别软件兼容性。

⑤ 支持众多的第三方软件。随着智能手机等移动终端设备的普及，人们逐渐习惯使用APP客户端上网的方式，社交、购物、旅游、阅读等均可通过智能手机来完成。以阅读为例，现今，人们可以在智能手机上直接阅读当日的热门新闻，而不需要去线下商店购买报纸或杂志。

智能手机如同PC一样，需要依托特定的操作系统才能发挥性能并运行各种程序。如今，智能手机的操作系统主要有谷歌公司的Android（安卓）、苹果公司的iOS、微软公司的Windows Mobile等，其中，用户群体最广泛的要属Android系统，其次是苹果的iOS系统。

随着手机硬件性能的整体提升，手机游戏在智能平台上得到了前所未有的优化，与之前的Java游戏及嵌入式游戏有了很大区别。人们可以随意安装和卸载程序，可以运用各种开发工具进行研发和制作。它更类似于PC游戏，只不过最终要根据手机操作系统平台将其压缩成特定的游戏安装包。下面简单介绍一下智能手机平台上的一些经典手机游戏。

2008年，芬兰Rovio公司研发的智能手机游戏"愤怒的小鸟"（见图1-12）上市，该游戏首发于苹果iOS平台，后移植到各智能手机平台。该游戏的玩法十分简单，利用智能手机触摸屏控制弹弓来发射小鸟，并射击远方的猪头怪物，在有限的回合内全部击中，便可获得胜利，射击回合越少，游戏得分越高。游戏一经上市便获得了极大的成功，有趣的卡通画面，简单的触控操作，再加上逼真的物理引擎特效，迅速征服了刚刚接触智能手机的用户。到目前为止，"愤怒的小鸟"各个版本的全球累积下载量已经超过20亿次，成为当今最为成功的智能手机游戏之一。

· 图1-12 │ "愤怒的小鸟"游戏画面

2009年，美国PopCap Games公司制作的一款益智策略类塔防游戏"植物大战僵尸"（见图1-13）上市，该游戏在PC平台和智能手机平台同步发售，支持Windows、

· 图1-13 │ "植物大战僵尸"游戏画面

Mac OS X、iPhone OS和Android等操作系统。在游戏中，玩家可以通过武装多种植物来切换不同的功能，快速有效地把僵尸阻挡在入侵的道路上。不同的敌人、不同的玩法构成5种不同的游戏模式，还设置了黑夜、浓雾及泳池等富有挑战性的障碍。"植物大战僵尸"是智能手机平台最早的塔防类游戏。塔防类游戏不仅需要玩家具有快速的反应能力，更需要玩家用智慧来制定战略。该游戏上市后，凭借出色的游戏画面、丰富的游戏系统及独创的游戏方式，受到众多玩家的青睐。到目前为止，"植物大战僵尸"的用户数量已接近3亿，为手机塔防类游戏树立了标杆。

2010年，Halfbrick Studios公司研发的触控屏动作游戏"水果忍者"（见图1-14）上市。"水果忍者"是一款简单的休闲游戏，游戏的目的只有一个，就是将屏幕中不断落下的各种水果切掉，同时还要躲避混杂在水果中的炸弹，在规定的时间内切掉的水果数量越多，游戏得分越高。"水果忍者"将触控屏的游戏操作方式发挥到了极致，玩家可以利用手指在触控屏幕上自由滑动，脱离了以往游戏按键和各种控制按钮的束缚，开创了智能手机全新的游戏方式。"水果忍者"上市后的两年内，下载次数就已经超过3亿，并被移植到了各个平台，成为风靡世界的休闲类游戏。

· 图1-14 | "水果忍者"游戏画面

2011年，美国一个只有8个人的手机游戏公司Imangi Studios发布了一款名为"神庙逃亡"（见图1-15）的手机游戏。在游戏里，玩家控制的是一个印第安纳·琼斯似的冒险家角色，他从热带雨林的某个古老神庙中逃出，被神庙中一群猴子模样的恶魔守卫追赶。游戏角色是自动不断向前飞奔的，而玩家则需要利用手指在触摸屏上滑动来控制角色，避开逃亡路上的各种危险。与大多数手机游戏不同的是，该游戏并未采用常见的2D横版画面，取而代之的是全3D的第三人称视角。游戏也没有设置终点，只要玩家能躲过各种危险，游戏就会一直进行下去，同时会获得游戏积分。全新的3D视觉画面，独特的触控操作方式，加上紧张刺激的游戏氛围，将玩家深深吸住。游戏仅上市一年，用户人数就突破5亿，引领了智能手机平台跑酷类游戏的新时代。

• 图1-15 │ "神庙逃亡" 游戏画面

随着智能手机的发展，机器硬件和整体性能都有了大幅度的提升。智能手机游戏不再局限于休闲类的小游戏，一些大型3D游戏也开始在智能手机平台上出现。2010年12月，Chair Entertainment和Epic Games联合开发了一款3D格斗游戏——Infinity Blade（"无尽之剑"），并率先在苹果iOS平台上市。这部游戏是"无尽之剑"系列的第一部作品，同时也是iOS平台上第一个采用虚幻3D引擎制作的大型3D游戏（见图1-16）。

• 图1-16 │ "无尽之剑" 华丽的3D画面

游戏全程通过触摸屏进行操作，在游戏中，玩家控制的主角要面对一系列的一对一战斗。在战斗中，玩家可以用手指在屏幕上点滑来使主角做出攻击和闪避的动作，随着战斗的进行和游戏的进展，玩家可以获得经验值、创造纪录及赢得更多的物品，使自己的角色变得越来越强大。"无尽之剑"还支持多人游戏模式，玩家可以通过移动网络或Wi-Fi与其他玩家进行联机对战。

由于运用虚幻3D引擎进行研发，"无尽之剑"在3D画面视觉效果上获得了无与伦比的提升，超越了以往手机平台的所有3D游戏，而游戏容量也不再是十几MB，第一代游戏容量高达600MB，对手机的硬件性能提出了更高的要求。之后，该公司又分别于2011年和2013年推出了"无尽之剑2"和"无尽之剑3"。"无尽之剑"系列在画面、角色设定、游戏音效和操作方面都极为出色，游戏风格独具一格，是iOS平台上具有划时代意义的优秀游戏作品。

从1998年诺基亚推出第一款手机游戏"贪吃蛇"到现在，手机游戏已成为数码领域一个重要的科技产业。从黑白游戏到彩色的Java游戏，再到如今可以和PC游戏画质相媲美的大型3D游戏，手机游戏的进化不仅可以体现出手机游戏产业清晰的发展脉络，更能展现出整个手机行业从软件到硬件不断升级与进化的历程。

1.3 | 手机游戏的类型

相对于整个电子游戏领域来说，手机游戏起步时间较晚，发展时间较短，但是手机游戏的研发、制作和发展并不是在一个独立的环境下进行的，它的出现和发展依托于整个电子游戏领域，在内容和模式上与其他游戏平台是共通的。以游戏类型来说，RPG（角色扮演游戏）、SLG（策略游戏）、RAC（竞速游戏）、ACT（动作游戏）、SIM（模拟类游戏）等经典游戏类型都是完全适用于手机游戏的。本节对于以上这些家喻户晓的游戏类型不再过多介绍，下面主要针对一些手机游戏独有的游戏类型进行讲解。

1. 跑酷类游戏

跑酷类游戏是考验和训练游戏玩家本能反应的一种游戏类型，需要玩家在快速移动中对周围的事物和环境做出正确且合理的判断。近年来，以"神庙逃亡"为代表的跑酷类游戏风靡世界，这些游戏在跑酷概念的基础上加入细致的角色养成玩法，从而让简单的游戏充满了挑战的乐趣和成就感。跑酷类游戏算是手机游戏平台独创的游戏类型，游戏的玩法与智能手机的操作模式完美融合。除了"神庙逃亡"这类经典的3D跑酷游戏外，还有很多跑酷游戏独辟蹊径，用更加纯粹的游戏玩法来诠释这一游戏类型。

2013年，一款名为Flappy Bird的像素画面手机游戏风靡全球（见图1-17）。该游戏是由一个人独自创作完成的。游戏的玩法非常简单，就是让一只暴眼大嘴的膨胀小鸟在一系列绿色垂直管之间飞行，玩家点触屏幕的速度越快，小鸟飞得越高。这款游戏在一夜之间登上了各大手机游戏下载排行榜第一的宝座，游戏中那些绿色的管道仿佛又让人回忆起当初玩马里奥兄弟时的场景。在相当长的一段时间内，似乎所有人都在乐此不疲地点击屏幕中的那只小鸟，在朋友圈中炫耀自己获得的分数。Flappy Bird在世界再次掀起了像素游戏的热潮，一时间，移动游戏平台出现了大量仿照Flappy Bird制作的游戏，也出现了大量像素风格画面的各种类型的手机游戏，像素风格再次成了游戏界中的主流。

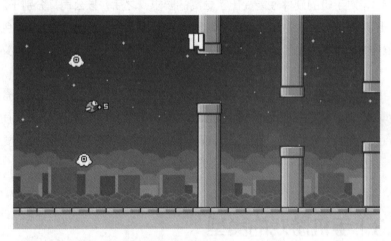

· 图1-17 │ "Flappy Bird"游戏画面

2. 塔防类游戏

塔防类游戏是指通过在游戏地图上建造炮塔或类似防御设施来阻止敌人进攻的一种策略型游戏。在塔防类游戏中，敌人并不会主动攻击炮塔。当敌人被消灭时，玩家可以获得奖金或积分，用于购买炮塔或升级炮塔。敌人会发动一波波进攻，大部分塔防会在一波进攻后暂停，以让玩家利用积分进行升级或增加炮塔。如果炮塔不能消灭敌人，敌人到达指定地方后，玩家就会减少生命值。随着玩家提升炮塔能力，怪物的数量、能力也会提升。手机平台上最经典的塔防类游戏是2009年美国PopCap Games公司制作的"植物大战僵尸"，游戏一上市立刻受到用户的青睐，成为下载量最多的手机塔防类游戏。之后，芬兰游戏公司Supercell推出的"部落冲突"（见图1-18）、"皇室战争"等塔防类游戏也在手机游戏市场取得了巨大成功。

3. 卡牌类游戏

手机卡牌类游戏是指将游戏中的角色或怪物以卡牌的方式表现，然后利用各种卡牌和战略跟对方进行对战的游戏类型。从2012年开始，卡牌类游戏飞速发展，成了手机游戏中用户群体最大的游戏类型。现在的卡牌类游戏在之前单纯的卡牌收集要素的基础上，加入了策略、回合、经营、养成等各种玩法，同时适配网络化的游戏平台，逐渐成为复杂的综合化网络游戏。国内代表性的卡牌类游戏有"我叫MT""大掌门""百万亚瑟王""炉石传说"（见图1-19）等。

· 图1-18 │ "部落冲突"游戏画面

· 图1-19 │ "炉石传说"游戏画面

4. 建造类游戏

说到建造类手机游戏，有一款游戏不得不提，那就是风靡世界的Minecraft（见图

1-20）。Minecraft被定义为沙盒游戏，它所呈现的世界并没有华丽的画面与特效，但却有很强的游戏性。整个游戏没有剧情，玩家在游戏中自由建设和破坏，透过如乐高一样的积木来组合与拼凑，从而轻而易举地制作出小木屋、城堡及城市。若再加上玩家的想象力，天空之城、地底都市也一样能够实现。玩家不仅可以创造房屋建筑，甚至可以创造属于自己的都市和世界。

· 图1-20 ｜ Minecraft游戏画面

除了极具创意的玩法外，Minecraft的厉害之处还有它所带来的3D像素画面的概念。游戏中用于构建各种场景的最小元素单位就是一个小立方体模型，这个小小的模型就可以看作3D世界中的像素点，最终整个场景世界就如同乐高玩具一般呈现出来。凭借巨大的产品销量，Minecraft曾经一度成为世界上最卖座的电子游戏，同时被移植到各大硬件平台。Minecraft虽然不是建造类游戏的开创者，但绝对是将这种模式发展到极致的代表。

◎ 1.4 ｜手机游戏项目的研发制作流程

在3D手机游戏出现以前，早期的手机游戏基本是独立的小游戏，所以其设计与开发流程相对简单，需要的研发人员也非常少，甚至很多游戏都是由单人独立制作完成的。虽然当时并没有如今游戏公司的企划部、美术部和程序部，但对于手机游戏的设计与开发来说，仍然没有脱离这3个环节，即使一个人来进行开发制作，依然包括策划、美术和程序三大部分。对于十分简单的游戏作品，其策划内容可能用一段文字就能概括，甚至只是一句话。之后就需要制作美术元素，再简单的游戏也需要通过图形和画面来进行表现。最终游戏的核心还是要归结到程序本身，越简单的游戏作品对程序的依赖度越高。

随着手机硬件的发展和玩家需求的提升，手机游戏不再满足于简单小游戏的模式，这也要求过去单人研发的制作模式必须向多人团队化转变，手机游戏的制作越来越接近其他平台的研发制作模式。游戏企划、游戏美术与程序的职能开始有明确的划分，并由不同的人员独立担任，虽然与大型游戏制作团队相比人员数量要少得多，但每个部门所负责的任务基本相同，可能只是工作量多少的区别。

企划组负责撰写游戏剧本和游戏内容的文字描述，然后交由美术组把文字内容制作成美术素材，之后美术组把制作完成的美术元素提供给程序组，同时企划组在后期也需要给程序组提供游戏剧本和对话文字脚本等内容，最后在程序组的整合下才能制作出完整的游戏作品（见图1-21）。

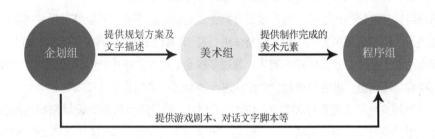

· 图1-21 ｜基本的游戏制作流程

在这种制作流程下，企划组和美术组的工作任务基本都属于前期制作，从整个流程的中后期开始，几乎由程序组独自承担大部分的工作量，所以，在这种模式下，游戏设计的核心人员就是程序员。同样，计算机游戏的制作及研发也被看作程序员的工作领域。如果把企划组、美术组、程序组的人员配置比例假定为a：b：c，那么一定是a<b<c这样一种金字塔式的人员配置结构。

将3D技术应用在手机游戏后，手机游戏的制作发生了巨大改变，特别是在职能分工和制作流程上，主要体现在以下几个方面。

（1）职能分工更加明确、细致。

（2）对制作人员的技术要求更高，更专一。

（3）整体制作流程更加先进合理。

（4）制作团队之间的配合更加默契、协调。

在3D游戏引擎技术越来越多地应用到手机游戏制作领域后，这种行业变化愈加明显。企划组、美术组、程序组3个部门的结构主体依然存在，但从工作流程来看，三者早已摆脱了过去单一的线性结构。随着游戏引擎技术的引入，3个部门紧紧围绕游戏引擎这个核心展开工作。除了3个部门间相互协调配合外，3个部门都要通过游戏引擎才能完成最终成品游戏的制作开发。如今，游戏制作的核心内容就是游戏引擎，只有深入研究出属于自己团队的强大引擎技术，才能在日后的游戏设计研发中顺风顺水、事半功倍。下面详细介绍现在一般游戏制作公司普遍的游戏制作流程。

1.4.1　立项与策划阶段

立项与策划阶段是整个游戏产品项目的第一步，大致占整个项目开发周期20%的时间。在一个新的游戏项目启动之前，游戏制作人必须要向公司提交一份项目可行性报告书。这份报告在游戏公司管理层集体审核通过后，游戏项目才能正式确立和启动。游戏项目可行性报告书并不涉及游戏本身的实际研发内容，它更侧重于商业行为的阐述，主要介绍游戏项目的特色、盈利模式、成本投入、资金回报等方面的问题，向公司股东或投资者说明对接下来的项目进行投资的意义，这与其他商业项目的可行性报告基本相同。

当项目可行性报告通过后，游戏项目开始正式启动，接下来游戏制作团队中的核心研发人员会进行"头脑风暴"会议，对游戏整体进行初步设计和策划，其中包括游戏的世界观背景、视觉画面风格、游戏系统和机制等。通过多次会议讨论，集中所有人员针对游戏项目提出的各种意见和创意，最后由项目企划团队进行项目策划文档的设计和撰写。

项目策划文档不仅是整个游戏项目的内容大纲，同时还涉及游戏设计与制作的各个方面，包括世界观背景、游戏剧情、角色设定、场景设定、游戏系统规划、游戏战斗机制、各种物品道具的数值设定、游戏关卡设计等。如果将游戏项目比作一个生命体，那么游戏策划文档就是这个生命的灵魂，这也间接说明了游戏策划部门在整个游戏研发团队中的重要地位和作用。图1-22所示是游戏项目研发立项与策划阶段的流程示意图。

· 图1-22 | 立项与策划阶段流程示意图

1.4.2　前期制作阶段

前期制作阶段属于游戏项目的准备和实验阶段，大致占整个项目开发周期10%~20%的时间。在这一阶段中会有少量的制作人员参与项目制作，虽然人员数量较少，但各部门人员的配比仍然十分合理。这一阶段也可以看作是整体微缩化流程的研发阶段。

这一阶段的目标通常是制作一个游戏Demo。所谓的游戏Demo，就是指一款游戏的试玩样品。利用紧缩型的游戏团队来制作的Demo虽然并不是完整的游戏，它可能仅仅只有一个角色、一个场景或关卡，甚至只有几个怪物，但它的游戏机制和实现流程却与完整的游戏基本相同,差别只在于游戏内容的多少。通过游戏Demo的制作可以为后面的实际游戏项目研发过程积累经验。Demo制作完成后,后续研发就可以复制Demo的设计流程,剩下的就是大量游戏元素的制作添加与游戏内容的扩充(见图1-23)。

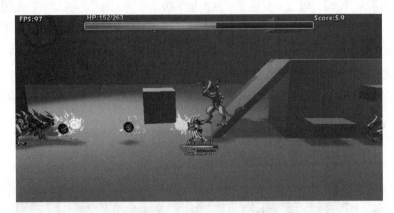

· 图1-23 │ 画面相对简陋的游戏Demo

在前期制作阶段需要完成和解决的任务还包括以下几种。

1. 研发团队的组织与人员安排

这里所说的研发团队的组织与人员安排,并不是参与Demo制作的人员,而是后续整个实际项目研发团队的人员配置。在前期制作阶段,游戏制作人需要对研发团队进行合理、严谨的规划,为之后的实质性研发阶段做准备,包括研发团队的初步建设、各部门人员数量的配置、具体员工的职能分配等。

2. 制订详尽的项目研发计划

该任务同样也是由游戏制作人来完成的。项目研发计划包括研发团队的配置、项目研发日程规划、项目任务的分配、项目阶段性目标的确定等。项目研发计划与项目策划文档相辅相成,从内外两方面来规范和保障游戏项目的推进。

3. 确定游戏的美术风格

在游戏Demo制作的过程中,游戏项目负责人需要与美术团队共同研究和发掘符合自身游戏项目的视觉画面路线,确定游戏项目的美术风格基调。要达成这一目标,需要反复试验和尝试,甚至在实质研发阶段,美术风格仍有可能被改变。

4. 固定技术方法

在Demo制作的过程中,程序团队需要研究和设计游戏的基础程序构架,包括各种游戏系统和机制的运行及实现，对于3D游戏项目来说，也就是游戏引擎的研发设计。

5. 游戏素材的积累和游戏元素的制作

　　游戏前期制作阶段，研发团队需要积累大量的游戏素材，包括照片参考、贴图素材、概念参考等。例如，我们要制作一款中国风的游戏，那么就需要搜集大量的特定年代风格的建筑照片、人物服饰照片等（见图1-24）。同样，从项目前期制作阶段开始，美术制作团队就可以开始大量游戏元素的制作，如基本的建筑模型、角色和怪物模型、各种游戏道具模型等的制作。游戏素材的积累和游戏元素的制作都为后面进入实质性项目研发打下了基础。

· 图1-24 ｜ 游戏场景制作需要的素材照片

▍1.4.3　游戏研发阶段

　　这一阶段属于游戏项目的实质性研发阶段，大致占整个项目开发周期50%的时间。这一阶段是游戏研发中最耗时间的阶段，也是整个项目开发周期的核心所在。从这一阶段开始，大量的制作人员加入游戏研发团队中，企划组、美术组、程序组等研发部门按照先前制订的项目研发计划和项目策划文档开始有条不紊地制作生产。在项目研发团队中，人员配置中，通常5%为项目管理人员，25%为项目企划人员，25%为项目程序人员，45%为项目美术人员。实质性的游戏项目研发阶段又可以细分为制作前期、制作中期和制作后期3个阶段。具体的研发流程见图1-25。

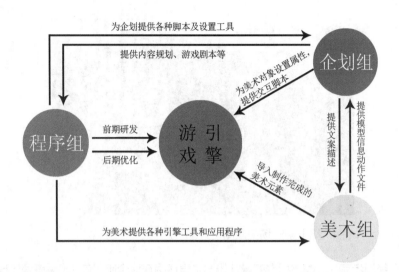

· 图1-25 | 游戏项目实质性研发阶段流程示意图

1. 制作前期

　　企划组、美术组、程序组3个部门同时开工，企划组开始撰写游戏剧本和游戏内容的整体规划。美术组中的游戏原画师开始设定游戏整体的美术风格，3D模型师根据既定的美术风格制作一些基础模型，这些模型大多只用作前期引擎测试，并不是以后的游戏中会大量使用的模型，所以制作细节上并没有太多要求。程序组在制作前期的任务最为繁重，因为他们要进行游戏引擎的研发。一般来说，在整个项目开始以前，他们就已经提前进入了游戏引擎研发阶段，在这段时间里，他们不仅要搭建游戏引擎的主体框架，还要开发许多引擎工具以供日后企划组和美术组使用。

2. 制作中期

　　企划组进一步完善游戏剧本，内容企划人员开始编撰游戏内角色和场景的文字描述文档，包括主角背景设定、不同场景中NPC和怪物的文字设定、BOSS的文字设定、不同场景风格的文字设定等，各种文档要同步传给美术组以供参考使用。

　　美术组在这个阶段要承担大量的制作工作，游戏原画师在接到企划文档后，要根据企划的文字描述设计并绘制相应的角色和场景原画设定图，然后把这些图片交给3D制作组来制作游戏中需要应用的大量3D模型（见图1-26）。同时3D制作组还要尽量配合动画制作组，以完成角色动作、技能动画和场景动画的制作。之后美术组要利用程序组提供的引擎工具，把制作完成的各种角色和场景模型导入游戏引擎中。另外，关卡地图编辑师要利用游戏引擎编辑器进行各种场景或者关卡地图的编辑绘制工作，而界面美术师也需要在这个阶段开始游戏整体界面的设计绘制工作。

· 图1-26 | 游戏场景原画设定图

由于已经初步完成了整体引擎的设计研发，程序组在这个阶段的工作量相对较轻，继续完善游戏引擎和相关程序的编写，同时针对美术组和企划组反馈的问题进行解决。

3. 制作后期

企划组利用程序提供的引擎工具赋予已经制作完的角色模型相应属性，同时脚本企划人员配合程序组进行相关脚本的编写，数值企划人员则要通过不断的演算测试调整角色属性和技能数据，并不断对其中的数值进行平衡化处理。

美术组中的原画组、模型组、动画组继续进行中期的工作任务，完成相关设计、3D模型及动画的制作，同时要配合关卡地图编辑师进一步完善关卡和地图的编辑工作，并加入大量的场景效果和后期粒子特效。界面美术设计师则继续对游戏界面的细节部分做进一步的完善和修改。

程序组在这个阶段要对已经完成的所有游戏内容进行最后的整合，完成大量人机交互内容的设计制作，同时要不断优化游戏引擎，并配合另外两个部门完成相关工作，最终制作出游戏的初级测试版本。

1.4.4 游戏测试阶段

测试阶段是游戏上市发布前的最后阶段，占整个项目开发周期10%～20%的时间。在游戏测试阶段中，主要寻找和发现游戏运行过程中存在的各种问题和漏洞，既包括游戏美术元素及程序运行中存在的各种直接性Bug，也包括因策划问题所导致的游戏系统和机制方面的漏洞。

事实上，对游戏产品的测试并不是只在游戏测试阶段才展开的，测试工作伴随产品研发的全程。研发团队中的内部测试人员随时要对已经完成的游戏内容进行测试，内部测试人员每天都会对研发团队中的企划、美术、程序等部门反馈测试问题，这样游戏中存在的问题能及时得到解决，不至于让所有问题都堆积到最后，减少了最后游戏测试阶段的任务压力。

游戏测试阶段的任务更侧重于对游戏整体流程的测试和检验。通常来说，游戏测试阶段分为Alpha测试和Beta测试两个阶段。当游戏产品的初期版本基本完成后，就可以宣布进入Alpha测试阶段。Alpha版本的游戏基本上具备了游戏预先规划的系统和所有功能，游戏的情节内容和流程也基本到位。Alpha测试阶段的目标是将以前所有的临时内容全部替换为最终内容，并对整个游戏体验进行最终的调整。随着测试部门问题的反馈和整理，研发团队要及时修改游戏内容，并不断更新游戏的版本序号。

通常，处于Alpha测试阶段的游戏产品不应该出现大规模的Bug，如果在这一阶段研发团队还面临大量的问题，说明先前的研发阶段存在重大的漏洞。如果出现这样的问题，游戏产品应该终止测试，重新进入研发阶段。如果游戏产品的Alpha测试基本通过，就可以转入Beta测试阶段了。一般处于Beta状态的游戏不会再添加大量新内容，此时的工作重点是对游戏产品的进一步整合和完善。相对来说，Beta测试阶段的时间要比Alpha阶段短，之后就可以对外发布游戏产品了。

如果是网络游戏，在封闭测试阶段之后，还要在网络上招募大量的游戏玩家展开游戏内测。在内测阶段，游戏公司邀请玩家对游戏的运行性能、游戏设计、游戏平衡性、游戏Bug及服务器负载等进行多方面测试，以确保游戏正式上市后能顺利运行。内测结束后即进入公测阶段，内测资料进入公测通常是不保留的，但现在越来越多的游戏公司为了奖励内测玩家，采取公测奖励措施或直接进行不删档内测。对于计时收费的网络游戏而言，公测阶段通常采取免费方式，而对于免费网游来说，公测即代表游戏正式上市发布。

◉ 1.5 │ 手机游戏美术团队职能分工

▍1.5.1　游戏美术原画师

游戏美术原画师是指在游戏研发阶段负责游戏美术原画设计的人员。在实际游戏美术元素制作前，首先要由美术团队中的原画设计师根据策划的文案描述进行原画设定。原画设定是对游戏整体美术风格的设定和对游戏中所有美术元素的设计绘图，从类型上来分，游戏原画分为概念类原画设定和制作类原画设定。

概念类原画是指原画设计人员针对游戏策划的文案描述进行整体美术风格和游戏环境基调设计的原画（见图1-27）。游戏原画师会根据策划人员的构思和设想，对游戏中的环境、场景和角色进行创意设计和绘制。概念类原画不要求绘制得十分精细，但要综合游戏的世界观背景、游戏剧情、环境色彩、光影变化等因素，确定游戏整体的风格和基调。相对于制作类原画的精准设计，概念类原画更加笼统，这也是将其命名为概念原画的原因。

• 图1-27 | 游戏场景概念原画

　　在概念类原画确定之后，游戏基本的美术风格就确立下来了，之后就要进入实际的游戏美术制作阶段，这时首先需要制作类原画的设计和绘制。制作类原画是指对游戏中美术元素的细节进行设计和绘制的原画。制作类原画又分为场景原画、角色原画和道具原画，分别负责对游戏场景、游戏角色（见图1-28）及游戏道具的设定。制作类原画不仅要在整体上表现出清晰的物体结构，而且还要对设计对象的细节进行详细描述，以便于后期美术制作人员进行实际美术元素的制作。

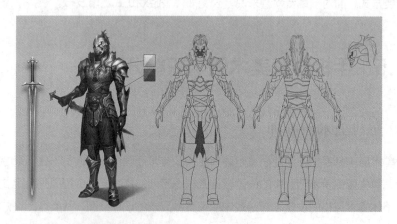

• 图1-28 | 游戏角色原画设定图

　　游戏美术原画师需要有扎实的绘画基础和美术表现能力，要具备很强的手绘功底和美术造型能力，同时能熟练运用2D美术软件对文字描述内容进行充分的美术还原和艺术再创造。此外，游戏美术原画师还必须具备丰富的创作想象力，因为游戏原画与传统的美术绘画创作不同，游戏原画并不要求对现实事物的客观描绘，而是需要在现实元素的基础上进行虚构的创意和设计，所以天马行空的想象力也是游戏美术原画师不可或缺的素质和能力。另外，游戏美术原画师还必须掌握一定的其他相关学科的理论知识。例如，对于游戏场景原画设计来说，如果要设计一座欧洲中世界哥特风格的建筑，那么就必须具备一定的建筑学知识和欧洲历史文化知识，其他类型的原画设计也同样如此。

1.5.2　UI美术设计师

游戏UI设计是游戏美术设计中必不可少的工作内容。UI，即User Interface（用户界面）的简称，UI设计则是指对软件的人机交互、操作逻辑、界面美观的整体设计。游戏UI是一个系统的统称，其中包括GUI、UE、ID三大部分，其中与美术最为相关的是GUI及UE两大部分。GUI指的是图形用户界面，也就是游戏画面中的各种界面、窗口、图标、角色头像、游戏字体等美术元素（见图1-29）。

· 图1-29 | 游戏UI元素设计

UE指的是用户体验，也就是玩家通过图形界面来实现交互过程的体验感受。好的UI设计不仅可以让游戏画面变得有个性、有风格、有品位，更要让游戏的操作和人机交互过程变得舒适、简单、自由和流畅，因此需要设计者了解目标用户的喜好、使用习惯、同类产品设计方案等。游戏UI的设计要和用户紧密结合（见图1-30）。

· 图1-30 | 游戏UI的设计要点

想要设计好游戏界面，不仅要有良好的审美观，更要有对人机交互的认知度。一个好的游戏界面不仅要在视觉上有独特的美感，更要把游戏的层次感体现出来。交互的合理性、用户的体验感、元素的合理应用等都要把握得恰如其分，给用户足够的代入感。

成熟的手机游戏UI美术设计师应该具备以下几点素质。

（1）UI设计能力（平面设计制作能力、2D绘制能力、交互设计能力）。

（2）沟通协调能力（优秀的表达能力）。

（3）技术规范能力（基本的英文能力、基本的程序逻辑能力）。

（4）动效设计能力（软件操作能力、一定的动画原理掌握能力）。

（5）市场判断能力（对新潮设计的判定能力与设计眼界）。

（6）研发流程经验（了解研发流程，对研发周期有大致阶段性把握）。

（7）其他美术知识（了解与熟悉研发相关美术工作，主要是判定工时与方向）。

以上是一名合格的手机游戏UI设计师所应该具备的部分能力与素质。如果想让自己变得更加优秀，那么就要在以上的几个大点及多个小点上做到最好。一名优秀的商业设计师的价值，应该通过产品与自身的专业能力来体现。对于游戏UI设计师来说，好的项目经验是非常重要的，若再具备过硬的设计能力，基本上就能达到一个不错的职业高度。

▌1.5.3　2D美术设计师

2D美术设计师是指在游戏美术团队中负责平面美术元素制作的人员。这是游戏美术团队中必不可缺的岗位，无论是2D游戏项目还是3D游戏项目，都必须有2D美术设计师的参与制作。

一切与平面美术相关的工作都属于2D美术设计师的工作范畴，所以严格来说，游戏原画师及UI界面设计师也是2D美术设计师。一般来说，2D美术设计师更多的是负责实际制作类的工作。

通常，游戏2D美术设计师要根据策划的描述文案或者游戏原画设定来进行制作。在2D游戏项目中，2D美术设计师主要制作游戏中的各种美术元素，包括游戏平面场景、游戏地图、游戏角色形象及游戏中的各种2D素材。例如，在像素或2D类型的游戏中，游戏场景地图是由一定数量的图块拼接而成的，其原理类似于铺地板，每一个图块中包含不同的像素图形，对不同图块进行自由组合拼接就构成了画面中不同的美术元素。一般来说，平视或俯视2D游戏中的图块是矩形的，斜视角2D游戏中的图块是菱形的（见图1-31），2D游戏美术师的工作就是负责绘制每一块图块，并组合制作出各种游戏场景素材。

对于像素或者2D游戏来说，通常我们看到的角色行走、奔跑、攻击等动作都是利用关键帧动画来制作的，需要分别绘制出角色每一帧的姿态图片，然后将所有图片连续播放，实现角色的运动效果。图1-32所示为像素游戏角色的技能动作动画序列帧，序列中的每一个关键帧的图片都需要2D美术设计师来制作。

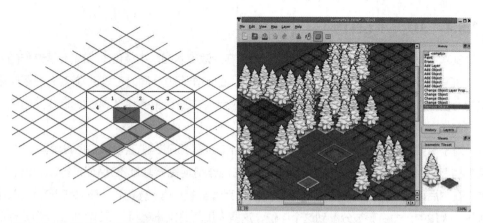

·图1-31│2D游戏场景的制作原理

·图1-32│像素游戏角色动画序列帧

在3D游戏项目中，2D美术设计师主要负责平面地图的绘制、角色平面头像的绘制（见图1-33）及各种模型贴图绘制等。

·图1-33│不同表情的游戏角色头像

1.5.4　3D美术设计师

3D美术设计师又称三维美术设计师，是指在游戏美术团队中负责3D美术元素制作的人员。3D美术设计师是在3D游戏出现后才发展出的制作岗位，同时也是3D游戏开发团队中的核心制作人员。在3D游戏项目中，3D美术设计师主要负责各种3D模型的制作及角色动画的制作。

对于一款3D计算机游戏来说，最主要的工作就是对3D模型，包括3D场景模型、3D角色模型及各种游戏道具模型等的设计制作。在制作前期需要基础3D模型进行Demo的制作，在中后期更是需要大量的3D模型来充实和完善整个游戏主体内容，所以在3D游戏制作领域，大量的人力资源被分配到这个岗位，这些人员就是3D模型师。3D美术设计师要具备较高的专业技能，不仅要熟练掌握各种复杂的高端3D制作软件，更要具有极强的美术塑形能力（见图1-34）。在国外，专业的游戏3D美术设计师大多是美术雕塑系或建筑系出身。此外，游戏3D美术设计师还需要具备大量的相关学科知识，如建筑学、物理学、生物学、历史学等。

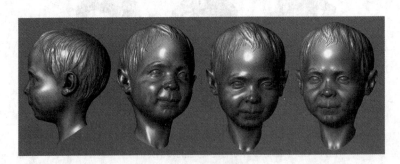

·图1-34│利用Zbrush软件塑造角色形象

除了3D模型师外，还有3D动画师。这里所说的动画制作并不是指游戏片头动画或过场动画等预渲染动画的制作，而是主要指游戏中实际应用的动画，包括角色动作和场景动画等。

角色动作主要指游戏中所有角色（包括主角、NPC、怪物、BOSS等）的动作流程。游戏中的每一个角色都包含大量已经制作完的规定套路动作，通过不同动作的衔接组合就形成了一个个具有完整能动性的游戏角色。玩家控制的主角的动作还包括大量人机交互内容。3D动画师的工作就是负责每个独立动作的调节和制作，如角色的跑步、走路、挥剑、释放法术等（见图1-35）。场景动画主要指游戏场景中需要应用的动画，如流水、落叶、雾气、火焰等环境氛围动画，还包括场景中指定物体的动画效果，如门的开闭、宝箱的开启、触发机关等。

· 图1-35 | 3D角色动作调节

如今的游戏产品除了具有基本的互动娱乐体验外，更加注重整体的声光视觉效果，游戏中的这些光影效果就属于游戏特效的范畴，如角色技能、刀光剑影、场景光效、火焰闪电及其他各种粒子特效等（见图1-36），这些也属于3D美术设计师的工作任务。

· 图1-36 | 游戏中的各种技能特效

对于3D游戏特效制作来说，首先要利用3ds Max等3D制作软件创建出粒子系统，然后将事先制作好的3D特效模型绑定到粒子系统上，再针对粒子系统进行贴图的绘制，贴图通常要制作成带有镂空效果的Alpha贴图，有时还要制作贴图的序列帧动画。之后还要将制作完成的素材导入游戏引擎特效编辑器中，对特效进行整合和细节调整。如果是制作角色技能特效，还要根据角色的动作提前设定特效施放的流程（见图1-37）。

· 图1-37｜角色技能特效设计思路和流程图

对于3D美术设计师来说，不仅要掌握3D制作软件的操作技能，还要对3D粒子系统有深入研究，同时要具备良好的绘画功底和修图能力，且须掌握游戏动画的设计和制作。所以，3D美术设计岗位是一个复杂的综合性游戏美术设计岗位，在游戏开发中必不可少，同时入门门槛也比较高，从业者需要具备很高的专业水平。

▌1.5.5 引擎编辑美术师

引擎编辑美术师是指在游戏美术团队中利用游戏引擎编辑器来编辑和制作游戏地图场景的美术设计人员。在成熟的3D游戏商业引擎普及之前的早期3D游戏开发中，游戏场景中所有美术资源的制作都是在3D软件中完成的，包括场景道具、场景建筑模型及游戏中的地形山脉。一个完整的3D游戏场景包括很多美术资源，用这样的方法制作的游戏场景模型会产生数量巨大的多边形面数，见图1-38，场景用到了15万多个模型面数，不仅导入游戏的过程十分烦琐，而且在制作过程中，3D软件本身因承担了巨大的负载，经常会出现系统崩溃、软件跳出的现象。

进入游戏引擎时代以后，问题得到了完美的解决。游戏引擎编辑器不仅可以帮助人们制作出地形和山脉的效果，也就是说，使水面、天空、大气、光效等很难利用3D软件制作的元素，也可以通过游戏引擎来完成。尤其是野外游戏场景的制作，人们只需要利用3D软件制作独立的模型元素，那么其余80%的场景工作任务都可以通过游戏引擎编辑器整合和制作，而负责这部分工作的美术人员就是引擎编辑美术师。

引擎编辑器制作游戏地图场景主要包括以下内容。

（1）场景地形地表的编辑和制作。

（2）场景模型元素的添加和导入。

（3）游戏场景环境效果的设置，包括日光、大气、天空、水面等。

（4）游戏场景灯光效果的添加和设置。

（5）游戏场景特效的添加与设置。

（6）游戏场景物体效果的设置。

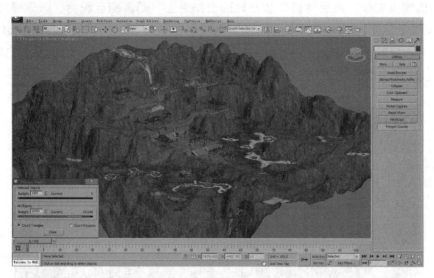

· 图1-38 ｜利用3D软件制作的大型山地场景

其中，大量的工作时间都集中在游戏场景地形地表的编辑制作上。利用游戏引擎编辑器制作场景地形分为两大部分：地表和山体。地表是指游戏虚拟3D空间中起伏较小的地面模型，山体则是指起伏较大的山脉模型。地表和山体都是对引擎编辑器创建的同一地形的不同区域进行编辑制作，两者是统一的整体。

引擎地图编辑器制作山脉的原理是，将地表平面划分为若干分段的网格模型，然后利用笔刷进行控制，垂直拉高实现山体效果或者盆地效果，再通过类似Photoshop的笔刷工具对地表进行贴图材质的绘制，最终实现自然的场景地形效果（见图1-39）。

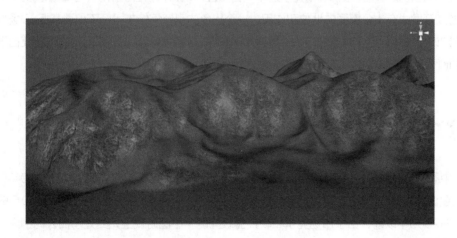

· 图1-39 ｜利用引擎地图编辑器制作的地形山脉

如果要制作高耸的山体，往往要借助3D模型才能实现。场景中海拔过高的山体部分利用3D模型来制作，然后将模型放在地形山体之上，两者相互配合，效果很好（见图1-40）。另外，在有些场景中，地形也起到衔接的效果，例如，将山体模型直接放在海水中，那么模型与水面相接的地方会非常生硬，将起伏的地形包围住山体模型，就能利用地表的过渡与水面进行完美衔接。

·图1-40 | 利用3D模型制作的山体效果

在实际3D游戏项目的制作中，利用游戏引擎编辑器制作游戏场景的第一步就是要创建场景地形。场景地形是游戏场景制作和整合的基础，它为3D虚拟化空间搭建出具象的平台，所有的场景美术元素都要依托于这个平台来进行编辑和整合。所以，引擎编辑美术师在3D游戏开发中有十分重要的地位和作用。一个出色的引擎编辑美术师不仅要掌握3D场景制作的知识和技能，更要对自然环境、地理知识有深入的了解和认识，只有这样才能让自己制作的地图场景更加真实、自然，贴近游戏要达到的效果。

🎯 1.6 | 手机游戏行业前景分析

中国的游戏业起步并不算晚，从20世纪80年代中期台湾游戏公司崭露头角到90年代大陆大量游戏制作公司的出现，再到如今游戏业的繁荣，中国游戏业也发展了近30年的时间。在2000年以前，由于市场竞争和软件盗版问题，中国游戏业始终处于旧公司倒闭与新公司崛起的快速新旧更替中。由于行业和技术限制，几个人便可以在一起去开发一款游戏，研发团队中的技术人员成为中国最早的游戏制作从业者，当游戏公司运作出现问题或者倒闭后，他们便会进入新的游戏公司继续从事游戏研发，所以早期游戏行业从业人员的流动基本属于"圈内流动"，很少有新人进入这个领域。

2000年以后，中国网络游戏开始崛起，并迅速成为游戏业内的主流力量。由于新颖的游戏形式，以及可以完全避免盗版困扰，国内大多数游戏制作公司开始转型为网络游戏公司，同时也出现了许多大型的专业网络游戏代理公司，如盛大、九城等。由于硬件和技术的发展，网络游戏的研发再不是单凭几人就可以完成的项目，它需要大量专业的游戏制作人员，之前的"圈内流动"模式显然不能满足市场的需求，游戏行业第一次降低了入门门槛，于是许多相关领域的人士，如建筑设计行业、动漫设计行业及软件编程人员等纷纷转行，进入这个朝气蓬勃的新兴行业当中。然而对于许多大学毕业生或者完全没有相关从业经验的人来说，游戏制作行业仍然属于高精尖技术行业，一般很难进入，所以国内游戏行业从业人员开始了另一种形式上的"圈内流动"。

从2004年开始，由于世界动漫及游戏产业发展迅速，国家高度关注和支持国内相关产业，大量民办动漫游戏培训机构如雨后春笋般出现，一些高等院校也陆续开设计算机动画设计和游戏设计类专业，这使得那些怀揣游戏梦想的人无论从传统教育途径还是社会培训，都可以很容易地进行相关的专业学习，之前的"圈内流动"现象彻底被打破，国内游戏行业的入门门槛放低。

虽然这几年有大量的"新人"涌入游戏行业，但整个行业对于就业人员的需求不仅没有减少，反而加大。2009年，中国网络游戏市场实际销售额为256.2亿元，同比增长39.4%。2011年，中国网络游戏市场规模为468.5亿元，同比增长34.4%，其中，互联网游戏为429.8亿元，同比增长33.0%；移动网游戏为38.7亿元，同比增长51.2%。

从2012年后，以手机游戏为代表的移动游戏经历了爆发式的发展，相关政策为移动游戏行业的快速发展提供了基础条件。大量产业资本、企业、从业人员进入移动游戏领域，移动游戏已逐渐成为盈利能力最强的移动互联网产品。手机游戏用户数量高速增长，手机游戏的价值日趋显著，带动了市场规模的不断扩大。市场上有近上千家手机游戏公司，市场竞争趋于白热化，使游戏渠道商在一定时期占据产业链的高位，移动游戏产品落地成本也被急剧拉高。

随着3G、4G移动通信技术应用的快速推进，移动网络不断提速，互联网加速从PC端过渡到智能手机端，端游、页游巨头纷纷入场，中国移动游戏市场在经历了1997—2003年的蛮荒时代、2004—2007年的萌芽期、2008—2011年的探索期、2012年后的快速发展时期，成为移动互联网领域的热门增长点。

2016年，中国手机游戏用户规模接近5亿，全年收入达415.1亿元。尽管手机游戏行业从业者在2015年陷入寒冬，但撤去泡沫、回归理性之后的手机游戏行业仍有较大增长空间，加上VR手机游戏等的潜在增长点，可望在未来数年内进一步成熟。

中国的手机游戏行业正处于飞速发展的黄金时期，因此对于专业人才的需求一直居高不下。有资料显示，目前我国游戏行业从业人员远低于游戏人才需求总量，预计未来3～5年，中国游戏人才缺口将高达50万人，所以不少游戏公司不惜重金只为吸引和留住更多行业人才。

面对手机游戏广阔的市场前景，手机游戏从业人员可以根据自己的特长和所掌握的专业技能来选择适合的就业方向，众多的就业路线和方向大大拓宽了从业者的就业范围，无论选择哪一条道路，通过自己的不断努力，最终都将会在各自的岗位上绽放出绚丽的光芒。

第2章

手机游戏2D美术
设计与制作

◉ 2.1 | 手机游戏2D美术的概念

从最早的诺基亚手机上的像素"贪吃蛇"到如今画面惊艳的3D手机游戏，手机游戏经历了一轮又一轮的进化。虽然其间不断有新的技术引入手机游戏制作领域，但是2D元素始终都作为手机游戏的核心元素而存在。无论像素手机游戏、2D手机游戏还是3D手机游戏，都离不开2D美术图像的制作，这也是手机游戏美术的基础。

手机游戏2D美术既包括2D美术的设计，同时也包括2D图像的制作。手机游戏2D美术设计主要包括游戏概念原画、场景原画及角色原画的绘制。2D美术制作则是具体游戏中图像元素的绘制和制作，包括游戏场景画面、角色、特效、UI等。下面讲解手机游戏2D美术设计的具体内容。

游戏原画是指游戏研发阶段，在实际游戏美术元素制作前，由美术团队中的原画设计师根据策划的文案描述进行设定的原画。原画设定是对游戏整体美术风格的设定和对游戏中所有美术元素的设计绘图。从类型上来分，游戏原画主要分为概念类原画和制作类原画。概念原画主要包括游戏场景概念原画和游戏特效概念原画，制作类原画包括游戏场景设定原画、游戏角色设定原画和游戏道具设定原画等。

除了场景和环境的概念设定外，在游戏制作中还有一类概念原画，那就是特效概念原画。当游戏角色制作完成后，需要为游戏角色设计相应的技能效果，而这些技能往往是由动作和特效来完成的，特效概念原画就是对这些技能特效进行构思和视觉表现的一种原画设定。在早期游戏制作中并没有特效概念原画的细分，那时游戏中的技能特效都是由游戏特效师自己构思并制作完成的。随着游戏制作技术的提升，玩家对于游戏视觉特效有了更高的要求，现在大型3D游戏中的每一个游戏角色都包含众多的技能特效，不同角色的技能特效也不相同，这就要求游戏特效的设计和制作应该有更加完善的制作体系及流程，所以，很多游戏项目逐渐加入了游戏特效概念原画的设定工作。图2-1所示就是一张游戏特效概念原画设定图，表现了游戏角色技能在不同状态下的视觉效果，游戏特效师可以根据原画进行进一步的特效制作。

· 图2-1 | 游戏特效概念原画

除了概念类原画外，游戏原画还包括场景和角色等制作类原画。

图2-2所示为一幅游戏角色原画设定图，图中设计的是一位身穿铠甲的武士，设定图清晰地描绘了游戏角色的体型、身高、面貌及所穿的装备和服饰。每一个细节都绘制得十分详细具体。通过这样的原画设定图，后期的3D制作人员可以很清楚地了解自己要制作的游戏角色的所有细节，这就是游戏原画在游戏研发中的作用和意义。

· 图2-2 | 游戏角色原画设定图

🎮 2.2 | 手机游戏像素图形的制作

在虚拟游戏发展之初，由于受计算机硬件的限制，计算机图像技术只能用像素显示图形画面。像素是用来计算数码影像的单位，如同照片一样，数码影像也具有连续的浓淡阶调。若把影像放大数倍，会发现这些连续色调其实是由许多色彩相近的小方点所组成的，这些小方点就是构成影像的最小单位。像素的英文是pixel，是由Picture（图像）和Element（元素）这两个单词的字母所组成的。

无论是计算机游戏还是手机游戏，早期的游戏画面都是像素画面。早期的游戏美术设计师绘制像素图形是在一个完全充满计算机屏幕的网格面板上来进行的，网格面板中的每一个小格就是一个像素，利用鼠标单击可以为其填充颜色，通过一个像素一个像素的点绘来完成游戏场景或游戏角色元素（见图2-3）。可以说，那时的游戏美术设计师是十分辛苦的，一个游戏项目的制作比现在困难得多。

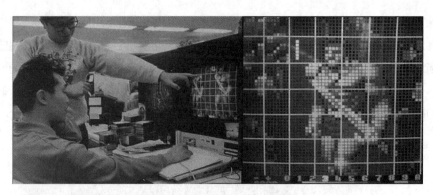

· 图2-3 | 美术设计师在PC上进行像素画绘制

随着硬件和技术的发展进步，尤其是Photoshop这类2D软件的出现，像素绘制变得简单，我们可以在画布上随意绘制想要的像素图形，而且还可以自由调整其大小、比例等。再到后来，游戏图像画面已不需要利用像素图形来进行表现了，人们可以利用高精度的2D图像来制作游戏。即使如此，像素画面依然没有完全消失，甚至这种画面在今天已经发展为一种独立的美术风格——"像素风"（见图2-4），利用这种充满怀旧情怀的画面风格制作的手机游戏受到越来越多玩家的喜爱。所以，学会制作像素画面是手机游戏美术设计和制作必不可少的一个环节。

· 图2-4 | 像素风手机游戏

▌2.2.1 像素图像的基本线条和图形

"工欲善其事，必先利其器"，一个好的软件是绘制像素画的得力助手。选择什么样的软件，由各人的习惯而定。无论选择什么软件，制作像素画的流程都是一样的。制作像素画的软件一般可分为两种类型：一种是用来制作Icon图标的专用软件，如Microangelo、Iconcool、Articons等；另一种则是用来编辑位图的图形软件，如Photoshop、Fireworks、Windows自带的画板工具等。

对于手机游戏制作来说，我们主要是利用Photoshop来进行像素图形的绘制，因为Photoshop相比其他软件有以下优势。

（1）画布大小可以随意设置（但是分辨率最好保持在72dpi左右）。

（2）各类工具的快捷键以及便捷的复制/粘贴功能。

（3）网格、标尺、辅助线功能帮助正确定位。

（4）强大的图层功能，可以让用户随心所欲，驰骋画布。

（5）具有双窗口功能，复制出一个内容、名称完全相同的视图，一个放大绘制用，一个保持100%大小预览用。对于绘制像素画而言，这是非常重要的一个功能。

（6）具有历史记录功能。

在后面的讲解中，我们主要通过Photoshop来进行图像的绘制和制作。

如同学习汉字一样，最开始我们都要学习"点、横、竖、撇、捺"等汉字的基本笔画，在像素画中，最基本的"笔画"称为"线条"。像素画中的基本线条都是根据像素点的不同排列方式形成的，只要遵循这一特定的规范，就能绘制出漂亮的像素画。图2-5所示为两幅利用不同线条绘制的像素图形。右图是用规范的线条绘制出来的像素画，画面细腻、结构清晰；左图则是用非规范的线条绘制的，像素点"并排""重叠"现象严重。

· 图2-5｜不同线条绘制的像素图形

下面讲解一下像素画绘制中常见的基本线条。

22.6°的斜线：以两个像素的方式斜向排列，有双点横排、双点竖排两种排列方法。此类线条常用于建筑的描绘，因此3D建筑的统一透视角度也为22.6°（见图2-6）。

30°的斜线：以两个像素间隔一个像素的方式斜向排列，竖向排列时形成60°的斜线。此类线条使用较为灵活，经常与其他线条配合使用，以便完成一些特殊的造型（见图2-7）。

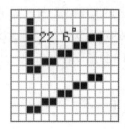

· 图2-6 | 22.6° 的斜线

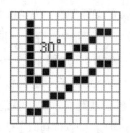

· 图2-7 | 30° 的斜线

45° 的斜线：以一个像素的方式斜向排列。此类线条比较简单，常用于平面物体及建筑斜面的绘制（见图2-8）。

直线：按住Shift键，拖动鼠标就可准确地绘制出直线（见图2-9）。

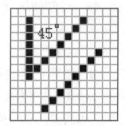

· 图2-8 | 45° 的斜线

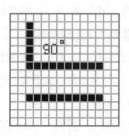

· 图2-9 | 像素直线

弧线：根据弧度的大小，弧线画法有很多种。通常以像素3-2-1-2-3、4-2-2-4、5-1-1-5的点阵排列，其排列具有一定的规律性及对称性。此类线条常用于人物头像、动物的绘制（见图2-10）。

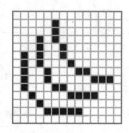

· 图2-10 | 各种像素弧线

2.2.2 像素图形的绘制技巧

1. 自定义笔刷

像素图形的绘制主要是利用Photoshop中的画笔功能进行"点绘"的，也就是将像素一个一个地在网格位置点出来，这对于复杂的像素画，无疑是一个艰巨的任务。所以，在实际像素画绘制中，通常把常用的线条笔画和基础图形定义成笔刷，这样可以大大提高工作效率。自定义笔刷的具体步骤如下。

（1）新建一个文档，大小随意，分辨率设置为72dpi左右，RGB色彩模式，选择背景色为白色，前景色为黑色（见图2-11）。

（2）选取Photoshop中的画笔工具并选择1像素的笔刷，绘制线条或基础图形（见

图2-12）。

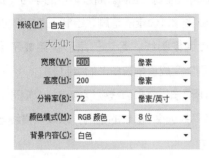 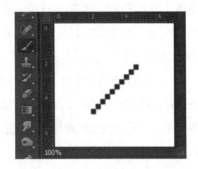

・图2-11｜创建图像　　　　　　　　　・图2-12｜绘制基础线条

（3）绘制完一个线条或者一个基础图形之后，选择"编辑"菜单下的"定义画笔预设"命令，这时在画面上绘制的线条或基础图形就会定义成一个新的画笔，画笔控制面板中也会出现该画笔（见图2-13）。

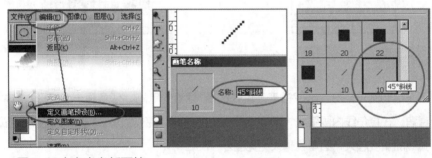

・图2-13｜自定义新画笔

（4）当自制了属于自己的笔刷后，用户可以把原有的笔刷一个个清除掉，然后单击画笔控制面板右上角的设置按钮，选择"存储画笔"命令并为画笔命名，这样一个自制笔刷文档（.abr）就完成了。用户可以根据需要随时"载入画笔"或者增添新的笔刷（见图2-14）。

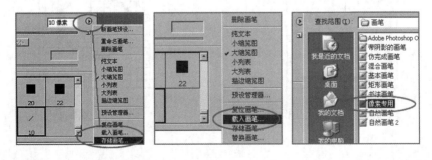

・图2-14｜储存和载入笔刷文档

2. 基础图形的绘制

掌握了像素画基本线条的画法后，我们来尝试基础图形的绘制。通过本章的学习，我们将初步了解到线条之间的组合规律。选取铅笔工具并选择1像素的笔刷，绘制一条60°的斜线，然后绘制一条与之相对称的斜线，最后连接两条斜线，等边三角形就完成了（见图2-15）。如果把60°的斜线换成45°的斜线，则能完成直角三角形的绘制。

下面我们来画一个矩形。其实矩形很简单，众所周知，4条直线就能构成一个矩形。如果要画一个旋转一定角度的矩形，可以选取铅笔工具并选择1像素的笔刷，以双点横线与双点竖线的画法绘制（见图2-16）。

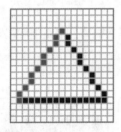
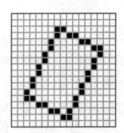

· 图2-15 | 等边三角形绘制　　　　· 图2-16 | 绘制矩形

接下来绘制圆角矩形。选取铅笔工具并选择1像素的笔刷，任意画一个矩形，选择其中的一个直角，在直角线内画弧线，最后删除多余的部分，完成圆角。弧线的弧度决定着圆角大小，弧线的弧度越大，圆角就越大（见图2-17）。

最后绘制圆形。在像素画中，1/4圆弧直接决定着整个圆形的大小。选取铅笔工具并选择1像素的笔刷，使用画圆角的方法绘制一段弧线，把握好弧线的对称性，最后通过水平翻转和垂直翻转弧线组合成圆形（见图2-18）。

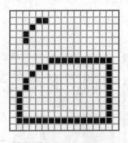
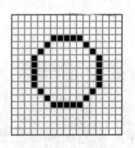

· 图2-17 | 绘制圆角矩形　　　　· 图2-18 | 绘制圆形

3. 透视及透视表现

在像素画中，如果只绘制单一角度的形态，那么始终是缺乏表现力的。如果要转变角度，就会涉及透视的规律。在透视学中，透视可分为形体透视（几何形透视）和空气透视。形体透视是根据光学和数学原理，在平面上用线条来表示物体的空间位置、轮廓和光暗投影。空气透视研究和表现空间距离对于物体的色彩及明显度的影响。因为透视现象是远小近大的，所以透视画法也叫"远近法"。

按照灭点的不同，透视分为平行透视（一个灭点）、成角透视（两个灭点）和斜透视（3个灭点）。在像素画中绘制一点、两点及3点透视的线条很难有规律可循，因此，像素画中的透视法对透视规律进行了简化变通。根据像素线条的特有属性，一种没有灭点的俯视平行透视得到广泛的运用（见图2-19）。

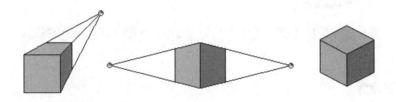

·图2-19│像素图形的透视

下面介绍一下常见的像素图形的透视表现。

22.6°透视：由于像素画通常用来绘制精致小巧的造型，并且像素画中的线条运用十分讲究，因此为了符合人们的视觉印象和便于绘画，这种以22.6°双点线组合而成的俯视平行透视成了像素画透视绘制中最常用的透视。见图2-20，正方体的透视就是以22.6°的双点线构成的，左右两个面的透视角度一样，并且每个面都是平行四边形，整体结构清晰明朗，造型表现直观，易于掌握。

45°透视：虽然转变了角度，但是每个面都是一个平行四边形的这一透视规律却不会改变。但是由于左右两个面的透视角度不同，因此在实际的绘制中很难把握，大家应该多观察，多动手（见图2-21）。

·图2-20│22.6°透视

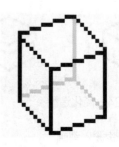

·图2-21│45°透视

圆柱透视：以顶面椭圆的圆度来决定俯视角度的高低，椭圆越接近圆，则俯视角度越高；反之，椭圆越扁，则俯视角度越低（见图2-22）。

锥体透视：锥体分为四面锥形、圆锥形等，但画法没有区别。底面决定锥体的大小，斜线控制着锥体的高度，可以尝试用不同角度的斜线来绘制各种高度的锥体（见图2-23）。

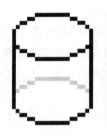

·图2-22｜圆柱透视

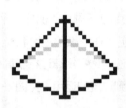

·图2-23｜锥体透视

4. 像素画的造型

造型是体现像素画特征的基本要素。造型的能力一方面来自于平时生活的积累，另一方面则可以参照图片资料，或者通过临摹优秀的像素作品，以及对素描、速写等的学习，提高自己的造型能力。通俗地说，造型就是用来表现作品形态的一种构图概念。学习造型没有捷径，只有通过多看、多记、多学、多练才能有所提高。因此本章并不介绍如何去造一个型，而是引导读者如何形成正确的造型思维方式，然后去造更多的型。像素画的造型可以遵循以下3条规律。

（1）把造型复杂的东西简单化

图2-24所示是一个打开的盒子。在构思一个打开的盒子时，首先想到的不是打开的盒子如何难画，而是盒子的整体形态是什么，根据这个形态想象盒子的大体形状，最后才考虑盒盖如何打开。此种方法虽然过程烦琐，但是整体不至于产生严重的变形，非常适合初学者。

·图2-24｜简化造型

（2）逐步深入刻画

在随意绘制出来的草图基础上，一步一步地深入下去。图2-25所示为海豚的造型过程，粗糙的草图通过一步步调整形态、柔化线条后出现了精致的造型。此种方法虽然简便，但是对于没有一定美术基础的人来说不易掌握。

· 图2-25│深入刻画

（3）寻找图片资料作为参照

当为表达不出心中的所想而困惑时，不妨试着找找相关的图片资料。其实通过图片绘制像素画有许多小窍门。例如，在Photoshop中打开一个图片实例，缩小并降低该图片的透明度，随后新建一个图层，选取铅笔工具并选择1像素的笔刷，勾勒出造型的轮廓，这样就把一个造型简单绘制出来了。

5. 像素画颜色的过渡

除了造型外，还要理解和运用色彩，以及掌握、归纳、整理色彩的原则和方法，其中最主要的是掌握色彩的属性。对于像素画的色彩运用，大致可以理解为平面的纯色填充、中间色的过渡、色彩明暗关系的确立。其中，平面的纯色填充并没有任何技巧，只要有足够的耐心就可以。这里着重介绍像素画颜色的过渡规律。

（1）均匀过渡

均匀过渡即将同一色系中的颜色由深至浅或者由浅至深地排列，以起到均匀渐变的效果。此种过渡方法普遍运用于小范围的像素绘画中（见图2-26）。

· 图2-26│均匀过渡

（2）双色过渡

双色过渡即根据一种颜色点的疏密排列产生过渡效果。此种过渡方法常用于平面的绘制。这些点的绘制因为具有规律性，所以可以使用复制与粘贴功能，这将会大大改善工作效率（见图2-27）。

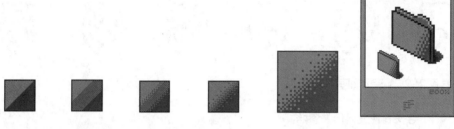

· 图2-27｜双色过渡

（3）圆柱体过渡

圆柱体过渡即同一色系多种颜色的渐变过渡，以给人一种立体感。此种过渡方法适合于圆柱类物体的上色（见图2-28）。

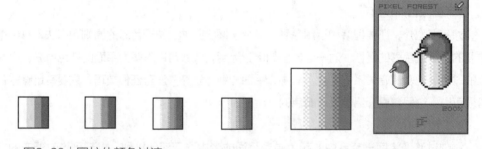

· 图2-28｜圆柱体颜色过渡

（4）网点渐变过渡

网点渐变过渡是一种平面的过渡方法，即在一种颜色的基础上叠加网格。此种方法绘制出的物体过渡自然，颜色饱满，但是难度相对较高（见图2-29）。

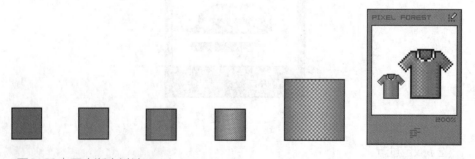

· 图2-29｜网点渐变过渡

2.2.3 常用像素绘制软件

虽然像素画的创作和绘制不过是像素点的堆叠，但一款合适的软件势必会使其变得简单、有趣和高效。前面我们介绍了Photoshop的像素制作，在本节中，我们将介绍几种专门的像素绘画软件及其包含的工具。

1. Pyxel Edit

Pyxel Edit是一款功能强大的像素绘画软件，支持创建无缝图块（Tile），还可以导出，支持动画。该软件最强的还是Tile功能，当修改一个Tile图块素材时，画面中的所有Tile都会同步更新。在手机游戏制作中可以使用Pyxel Edit来设计关卡，并能够以JSON、XML或TXT格式导出关卡数据。根据使用的引擎，可以将这些数据直接加载到项目中。Unity、Phaser、Haxe都支持导入Pyxel Edit数据（见图2-30）。

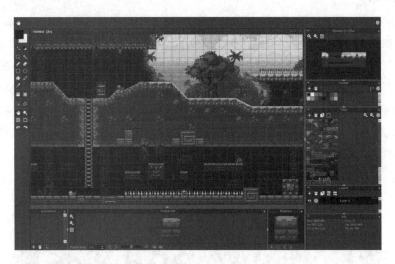

·图2-30│Pyxel Edit软件界面

Pyxel Edit提供了一个100%预览的侧边栏，还有1像素画笔、矩形和椭圆工具、简单的颜色选择器、优化调色板及选择工具等。在Pyxel Edit中，像素的复制和移动非常简单，只需要一组快捷键即可。按S键可以选择一个区域，按Ctrl键可以移动所选择的像素，按Ctrl + Alt组合键可以复制和移动像素。

Pyxel Edit另一个非常出色的功能是颜色管理工具，可以调整当前颜色的阴影、亮度、饱和度和色调，还可以生成不同颜色的自动渐变色（见图2-31）。在调色板中选择两种颜色，Pyxel Edit可以在它们之间生成一系列渐变颜色。Pyxel Edit还包含可靠的动画工具，可以在单个文档中创建多个动画，并且可以控制动画中每帧的时间。

· 图2-31 │ Pyxel Edit的颜色管理

2. Aseprite

Aseprite是一款专门的像素绘图软件，整个软件界面都具有像素风格。Aseprite的特点在于游戏角色创作和动画制作，拥有强大的基于图层和帧的时间轴动画工具。Aseprite中有许多动画功能，可以将序列中的多个帧移动到时间线上的新位置，一次复制/粘贴多个帧，循环/反转移动和复制帧（所有图层）/单元（帧内的选定图层），并控制帧的持续时间。

Aseprite有大尺寸的预览窗口、强大的调色表管理工具、吸管工具、填充工具、强大的选择工具（魔棒、套索）、矩形工具和椭圆形工具。使用Aseprite可以设置水平或垂直对称模式，非常适合像素角色的绘制（见图2-32）。

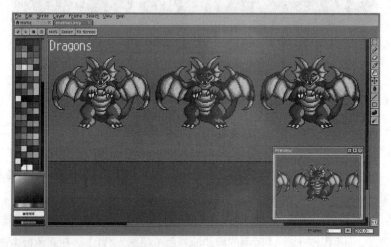

· 图2-32 │ Aseprite的软件界面

Aseprite还拥有自动上色功能，允许选择一系列颜色，并自动添加到一个形状上。它还有Alpha合成功能，允许将颜色混合在一起，以及具有Alpha锁定功能，可以在一个图层上的现有形状内绘画。

Aseprite可以在RGB模式、黑白灰度模式或索引模式之间进行选择，使用的颜色将被限制在当前活动的调色板中。在索引模式下，选择的任何颜色都会自动用活动调色板中最接近的颜色替换。如果在RGB模式下绘制，则切换到索引模式，并被转换为仅使用该调色板中的颜色。Aseprite有一个颜色替换工具，只需提供两种颜色，它就自动替换指定颜色的所有像素。

3. Piskel

Piskel是非常简洁的像素画制作软件，非常适合像素画的快速制作。Piskel的特色是角色创作和动画制作，虽然工具并不复杂，但可以非常有效地创建角色和动画。另外，Piskel的在线网站提供了一个完全成熟的在线软件版本，用户可以随时访问（见图2-33）。

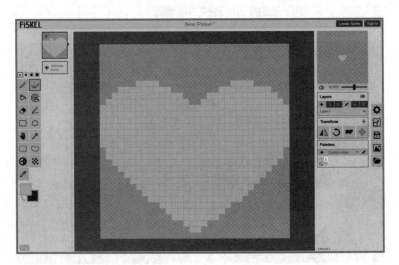

· 图2-33｜Piskel软件界面

利用Piskel绘制完初始角色之后，只需单击画布左侧的"添加新框架"按钮并调整FPS滑块来控制速度，即可轻松创建动画。需要说明的是，Piskel钢笔工具的笔触大小只能设置在1～4px之间，这意味着这个软件确实专注于角色绘制，而不能用于需要大尺寸画笔进行的场景绘制。

Piskel包含矩形、椭圆和笔触线条等基本工具，可以进行对称绘制。此外，它有一个非常棒的形状选择工具，用来识别任何相同颜色的连接像素块。除了普通的填充工具外，Piskel还有一个修改后的填充工具，可以改变共享颜色的所有像素，不管像素是否相互连接。这也是一种颜色替换的方法，在需要精确调整以获得正确颜色时，这是非常有帮助的。

Piskel还拥有半自动创建高光和阴影的功能，可以直接在现有像素上绘制高光，或者按住Ctrl键创建阴影。用户可以渐近地移动像素的颜色，在向前或向后移动时，也可以按住Shift键，以确保一次只能着色一部分。

4. GIMP

GIMP不像Pyxel Edit或Aseprite，它没有像素艺术专用工具，但是它有一些通用工具，对于绘制像素画非常有用。例如，如果画出的选框有转换手柄，可以使用GIMP的选择工具很容易地选择需要的确切像素。它的浮动窗口模式可以关闭，但是一旦激活，就可以在实际大小的文档中创建第二个视图，并将其嵌入到布局中。

GIMP的索引模式对像素绘画也是非常有用的，如果需要快速绘制，可以在RGB模式下使用传统的绘画技术，然后将其转换为索引模式，以便将其转换为受限的调色板。例如图2-34中的刀，把它缩小到像素大小水平，然后在主应用程序菜单中选择"图像"→"模式"→"插值"命令，就可以快速将图片转换为像素图形。

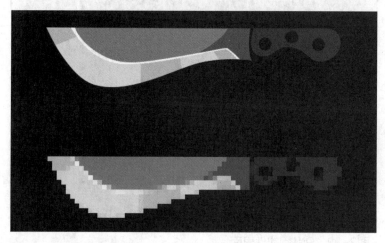

• 图2-34 │ 转换像素图形

另一个有用的功能是平铺对称模式，它可以重复用户正在绘制的一定数量的像素。如果用户正在绘制一个16×16的图块，在两个轴上设置对称偏移量为16px，就可以获得无缝平铺的图像。

5. Krita

Krita是一款功能强大的综合数字艺术绘图软件。对于像素艺术来说，Krita可能并不是专门的像素绘画软件，但Krita有专门的像素艺术画笔，包括一个方形画笔、一个圆刷和一个抖动画笔。此外还具有环绕功能，方便创建无缝Tile。只要按W键，选择双向的画布，就可以在任何接缝处绘制。Krita拥有一套完整的高级颜色选择工具，用于对调色板进行微调。另外，Krita可以对平板电脑完美支持，能够更加方便地进行绘画。Krita的另一个特点是可以使用基本的矢量工具绘制不规则的形状，然后让它们自动使用选定的像素画笔进行转换，这是其他像素绘制软件中没有的功能（见图2-35）。

·图2-35｜Krita的软件界面

⊙ 2.3 ｜ 手机游戏2D场景的制作

了解了像素图形的基本内容后，我们开始学习2D像素游戏场景的制作。在学习2D像素游戏场景前，我们必须知道它的核心知识点——Tile。我们将游戏场景在画面上划分为若干等面积的方格区域，其中的每一个小格就称为Tile。通常，2D像素游戏场景的Tile分为正方形和菱形两种，正方形的Tile象征俯视角的游戏画面，而菱形Tile则代表斜45°视角的游戏画面。Tile是2D像素游戏场景的核心构成，也是最为基础的场景单位（见图2-36）。

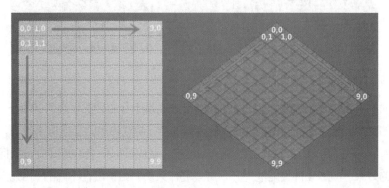

·图2-36｜常见的两种Tile形式

为什么2D像素游戏场景要利用Tile的形式进行制作呢？Tile的意义在于将游戏画面（也可以说是游戏的场景画面）划分为完全等同的面积单位，这样在制作的时候可以利用相同面积单位的像素图案对场景进行填充，而美术设计师只需要设计不同图案的Tile元素即可，之后在游戏场景编辑器中，美术师可以将不同的Tile进行拼接。这种如同拼积木一般的场景制作方式极大地简化了游戏制作的难度，提高了工作效率（见图2-37）。

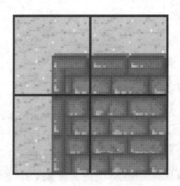

· 图2-37｜Tile的拼接方式

在实际游戏项目的制作中，游戏美术设计师通常会将同一游戏场景下的Tile元素拼成一张贴图，然后将贴图导入游戏场景编辑器中，编辑器可以自动分割贴图中的Tile元素，方便后期游戏场景的制作和编辑（见图2-38）。拼合的Tile贴图尽量不要有重复元素和空缺，这样才能充分利用游戏贴图的美术资源。

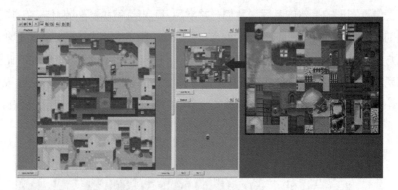

· 图2-38｜将Tile贴图导入游戏场景编辑器

在早期的像素游戏场景制作中，Tile的拼接方式是十分生硬的，当时的每一个Tile都是相对独立的美术元素，Tile元素之间没有衔接和过渡，游戏场景画面显得不美观，不协调。图2-39中，左侧是游戏的实际画面效果，如果将游戏画面以像素的方式进行概括，就得到了右图中的效果。随着硬件性能的提升，游戏制作人员开始尝试在不同的Tile元素之间通过绘制达到衔接过渡的效果。图2-40的右图为加入了衔接绘制的效果，这是在Tile内绘制了更多的像素点，从而使画面产生了衔接与过渡效果。

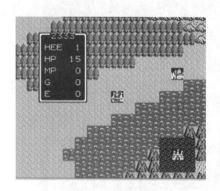

· 图2-39 | 生硬的Tile衔接

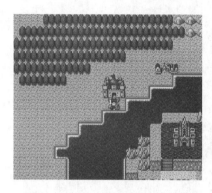

· 图2-40 | Tile之间的衔接过渡

这种Tile衔接过渡的原理就跟拼图一样，将一块Tile元素按照一定的外轮廓图案进行裁切（见图2-41），裁切后的每一块Tile就可以根据外轮廓的边缘线与其他Tile进行自由拼接和组合，形成了自然的过渡效果（见图2-42）。现在的很多2D像素游戏编辑器都具备自动裁切的功能，美术师只需要导入完整的Tile图片，软件就可以按照图2-42所示的原理进行自动裁切，方便后期场景编辑使用（见图2-43）。

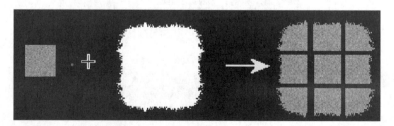

· 图2-41 | Tile的裁切原理

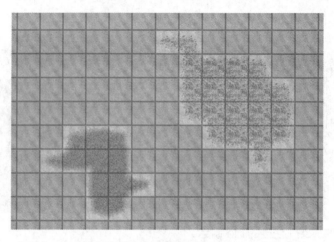

· 图2-42 | Tile自由拼接和组合的效果

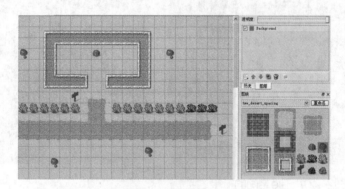

· 图2-43 | 2D像素游戏场景编辑器

　　下面我们来简单制作一个2D游戏的地图场景。首先我们在引擎地图编辑器中新建地图文件，设定地图的尺寸和Tile方式，这里选择菱形Tile的斜45°视角地图（见图2-44）。

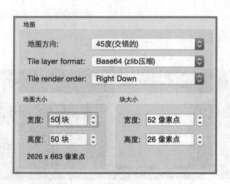

· 图2-44 | 新建地图

　　然后我们需要在地图中导入之前绘制好的Tile元素图层，所有的Tile元素都以最基本的菱形Tile为单位进行绘制，所有的元素都要拼在一个图片文件上，然后在编辑器中直接导入图片文件即可（见图2-45）。

· 图2-45｜导入Tile元素图片

　　接下来就可以进行地图的制作了。在制作前，需要对地图进行分层设定，因为是2D游戏，所以地图层跟图层的概念差不多，通常我们会将地图设定为3个最基本的层：ground、objects和blocks（见图2-46）。

- ☑ ⊞ blocks
- ☑ ⊞ objects
- ☑ ⊞ ground

· 图2-46｜设定地图层

　　最下面一层是ground层，相当于地图的背景层，主要用来绘制和制作地图中的地面元素，如土地、草地和各种地面等（见图2-47）。

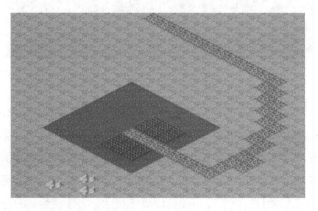

· 图2-47｜ground层

中间一层是objects层，这一层主要包含地图场景中的各种物体元素，如建筑、植物、山石等。将物体层跟背景层分开，这样方便物体在地图背景上随时移动和调整。另外，根据地图和场景的复杂程度，也可以对objects层进行分层处理，对不同种类的元素进行细分（见图2-48）。

· 图2-48 | objects层

最后是blocks层，用来绘制阻隔碰撞区域。这一图层下的Tile区域就被设定为游戏角色不可穿越的区域。通常，blocks层按照objects层的物体元素绘制即可（见图2-49）。

· 图2-49 | blocks层

除了斜45°场景外，现在的很多手机游戏都流行像素平面风格，如前面我们介绍的Flappy Bird。下面就结合实例讲解一下像素风格2D横向平面游戏场景的制作。

图层的概念在2D游戏场景制作中十分重要，无论是2.5D视角还是平面视角，场景中的图层在正式制作前都必须着重考虑。与3D游戏的制作流程不同，2D游戏场景中的元素并不能随时随地进行修改和调整，为了尽可能地使操作灵活，必须将绘制的物体和对象进行分层。对于2D平面游戏场景来说，通常也分为3个基本层：背景层、纹理层和细节装饰层。

首先绘制场景的背景，这里我们根据场景的需要将背景层分为3层：远景的天空、中景的建筑及近景建筑（见图2-50）。

·图2-50│绘制背景

然后我们需要设定光源的方向。这里的光源是主观假设的，主要是为了绘制场景的明暗色调，对背景层分别绘制基本的明暗关系（见图2-51）。

·图2-51│绘制场景明暗关系

接下来我们需要绘制近景建筑的细节和纹理。这里需要将其单独分层绘制，这样可以随时对其纹理进行复制、调用和修改。下面以建筑上的石砖纹理为例进行简单讲解。首先绘制石砖的基本底色和砖缝的纹理；接下来绘制石砖的亮部区域；然后绘制石砖上的坑洞细节；

最后进一步刻画细节,增加中间色调,绘制石砖的岁月痕迹(见图2-52)。

· 图2-52 | 石砖纹理的绘制过程

将绘制的纹理细节整合到场景中(见图2-53),最后在新图层上添加更多细节装饰物体,这样场景就基本制作完成了(见图2-54)。

· 图2-53 | 添加纹理细节

· 图2-54 | 绘制完成的场景效果

2.4 | 手机游戏2D角色的制作

上节主要讲解了2D游戏场景的制作，本节主要介绍2D游戏角色的制作。关于2D游戏美术内容的设计与制作，我们仍然将重点放在像素图形的制作上。虽然当下的游戏画面以3D为主，但2D风格仍受大家喜爱，尤其近几年，复古像素风格重新流行起来，那些由简单像素点构成的画面似乎永远不会过时，究其原因主要有以下3点。

首先，像素风格是一种很独特的画面风格，在3D大行其道的今天，像素画面显得格外与众不同。现在3A游戏的大趋势就是画面追求极致的逼真，甚至出现了"超凡双生""教团1886"这种游戏性很差的画面却极其出众的游戏。与3A游戏相比，像素风游戏在画面上不求精致，只求独特，在游戏性上取胜，这既是独立游戏的生存之道，也是反叛千篇一律的商业模式的精神追求。

其次，不少玩家和独立游戏制作人都有怀旧情怀，像素游戏能让许多从FC时代走过来的玩家格外亲切，让人们仿佛重回那单纯、简单的游戏岁月。

最后，像素绘画学习成本低，就算是零基础的人，经过较短时间的学习，也能画出不错的像素画。很多独立游戏制作者都是既当程序员又兼职美工，在没有专业美工的情况下，选择门槛较低的像素风格不失为一种好方法。当然，要画出优秀的像素画，也需要一定的美术基础和长时间的学习。

像素风画面并不一定意味着画面简陋。例如，图2-55所示的"拳皇13"中的"不知火舞"站立图，利用五层明暗度的光影来表现人体结构的立体感，而这种将画面效果做到极致的像素画面，其尺寸只有200px×200px。

· 图2-55 | 立体感极强的像素图像

▌2.4.1 角色的像素尺寸

在手机游戏项目制作中，经常会遇到的一个问题是角色像素尺寸。在游戏画面中，角色像素尺寸决定了两个方面——细节和成本。

　　角色像素尺寸越小，在硬件处理时消耗的资源越少，负载越低，同时便于后期动画的制作，也节省了人力和制作成本，所以早期的像素角色通常尺寸非常小。像素尺寸小降低了角色在画面中的细节表现，所以如何平衡两者之间的关系，对于游戏美术师来说至关重要。图2-56所示为"马里奥"游戏系列中的像素角色，像素高度都在24px以内，虽然像素尺寸极小，但设计者却抓住了角色的最主要特征，用极少的像素表现出角色的特点，让玩家感受到角色五官神态的变化。而图2-57中的角色则较为混乱，设计者没有抓住角色的突出特征，使得角色在各个角度都难以被玩家分辨出来。

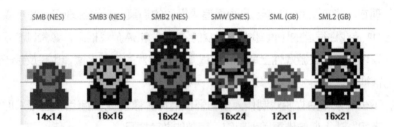

　　·图2-56｜优秀的低像素角色设计

　　·图2-57｜失败的低像素角色设计

　　所以，尺寸较小的低像素角色设计的要点在于抓住角色的突出特征，而不是一味地将细节进行压缩，让画面变得毫无亮点。像素尺寸的变化决定了设计者创作的焦点。图2-58所示是像素动物角色在不同像素尺寸下的表现，画面中的角色最为突出的特征是毛发和鞍具，所以无论怎样压缩画面像素，都应该完整保留这两个特点。

　　·图2-58｜角色像素压缩的技巧

图2-59所示为游戏Cryamore中的角色，在最初的设计中，角色高度为180px。这样做的优点在于画面清晰，角色细节丰富，有较大的空间用于角色动画制作。但缺点在于尺寸太大，后续的动画制作成本太高。

· 图2-59｜初始游戏角色设计

角色尺寸越大，动画制作的成本越高，开发者可以选择减少动画的帧数以降低成本，保留大尺寸角色。但是这样做有点本末倒置，因为像素画的优势就在于即使是小尺寸的角色也可以有丰富的细节。所以，最终Cryamore将原始设定的角色整体像素比例缩小到约70%，变为130px，中等分辨率，简化了面部表情，从而使得动画能更快地完成（见图2-60）。虽然牺牲了一定的细节表现，但权衡利弊，这才是最佳的选择。

· 图2-60｜不同像素尺寸角色对比

▎2.4.2　像素角色轮廓线的绘制

制作像素角色，除了尺寸的选择外，还会遇到的一个问题是角色边界的像素处理。角色的像素边界处理包括两个方面：一是角色轮廓线的绘制处理，二是边界像素的抗锯齿处理。

下面我们讲解一下像素角色轮廓线常见的绘制方法。

　　轮廓线决定像素角色的风格。和其他造型艺术一样，像素画有众多的风格和样式。首先，像素绘制的角色是可以没有轮廓线的。没有轮廓线的像素画对制作者的要求更高，美术师需要以颜色和明暗来暗示体积和结构。即使没有轮廓线，也要让玩家轻易识别出角色的形体和特征（见图2-61）。

・图2-61│没有轮廓线的像素角色

　　早期的像素角色大多使用黑色轮廓线来进行绘制，即角色的内外轮廓线都使用黑色。这种风格在性能受限制的游戏时代非常流行，但是在今天看并不是一种非常好的处理方法。黑色轮廓线的主要问题在于黑色会降低小尺寸角色的颜色亮度，还会使角色变得模糊（见图2-62）。现在更为常用的方法是只有外轮廓线使用黑色，内部的线条和形状都是有颜色的，这样会使得角色在场景中非常显眼，看起来很干净，这种风格在手机游戏中运用得非常广泛（见图2-63）。

・图2-62│黑色内外轮廓线绘制的像素角色

· 图2-63 | 黑色外轮廓线绘制的像素角色

　　利用黑色轮廓线绘制的像素角色可以更加凸显角色本身，但也会让角色显得过于独立，很难让角色与周围的场景或背景融合。除了黑色轮廓线外，我们还可以使用彩色轮廓线来进行绘制。对于彩色轮廓线，根据角色本身的色块来上色，角色的每一个部分都有自己的彩色轮廓线，外轮廓线一般是最深的颜色（见图2-64）。

· 图2-64 | 彩色轮廓线绘制的像素角色

　　除了以上方法外，还有一种更为高级和复杂的轮廓线绘制方法，通常称为选择性勾边。选择性勾边是将轮廓线放到角色中整体考虑，考虑轮廓线所受的光源影响。这种轮廓线风格是现在像素绘制中最常用的，在游戏中的表现也极其出色。使用选择性勾边轮廓线绘制的角色可以与场景和背景完美融合，一般不太容易看到选择性勾边的轮廓线。图2-65中，我们将除轮廓线以外的其他部分都删除，这样就可以看到轮廓线有清晰的明暗度，以及所受光源的影响。

　　像素角色轮廓线的绘制方法其实并没有所谓的最优选择，关键还是要根据游戏画面和角色的风格来确定。但不管使用什么技术和风格，轮廓线在整个像素绘画过程中都是不可回避的，所以正确选择轮廓线对于像素角色的绘制具有重要的作用和意义（见图2-66）。

· 图2-65│选择性勾边绘制像素角色

· 图2-66│5种不同的像素角色轮廓线处理方法

▌2.4.3 像素抗锯齿处理

对于像素画面来说，其最大的缺点就是图像颗粒感太强烈，使得画面看起来不精细。虽然现在的很多游戏将其作为一种美术风格来使用，但从视觉效果来说，这是一个不可否认的缺点。像素画面的粗糙感在很大程度上来源于图像边缘的锯齿感，也就是像素的边界。在上节中，我们介绍了通过绘制轮廓线处理的方法，除了这种方法外，还有一种更加直接和有效的方式，就是对像素图像进行抗锯齿处理。

图像抗锯齿处理（Anti-aliased，AA）是一种针对图像进行处理的方法，通过AA可以最大限度消除图像的锯齿感，让画面变得更加柔和。AA的优势是可以让2D像素图像边缘变得圆滑，尤其是对于曲线和小尺寸的像素图像。另外，AA对于制作大型的像素角色来说是必需的，对于次级像素动画制作也是不可或缺的。

图2-67中的右侧图像没有进行AA处理，左侧为经过AA处理的图像。从图中可以很明显地看到，左侧图像更加柔和，抗锯齿处理让图像细节更丰富，增加了图像的精致程度。

但也不是所有的像素图像都适合抗锯齿处理。例如图2-68中，左侧图像是经过AA处理的，右侧则没有经过处理，两个版本的清晰度相当，普通玩家很难看出其中的区别。AA在这里就像蛋糕上的奶油，锦上添花而已。

经过AA处理的图像　　　　　　　　　　未经AA处理的图像

· 图2-67｜抗锯齿图像对比

经过AA处理的图像　　　　　　　　　　未经AA处理的图像

· 图2-68｜抗锯齿处理效果不明显

抗锯齿也有一定的缺陷，有可能过犹不及，会使清晰的像素画变模糊。AA处理的同时也增加了图像的颜色数量，会加大数据的负载，也让动画制作更加困难。对于一些小尺寸像素图像，不需要进行AA处理，则可以使得图像更加清晰，减少颜色数，画面变化速度更快（见图2-69）。

未经过AA处理的图像　　　　　　　　　　经过AA处理的图像

· 图2-69｜不进行抗锯齿处理的效果

通常对于像素角色来说，当我们绘制脸部和眼睛时可以进行AA处理，提高清晰度、可读性，这样会引起人们更多的关注。其次是角色的头发区域，这个区域包含很多卷曲的头发细节，较小的曲线比大曲线需要更多的AA处理。如果有两种对比强烈的颜色，可以尝试使用一些中间过渡色像素进行混合。AA可以增加或减少一些线的重量。通过添加AA，可以使形状看起来更厚或更薄（见图2-70）。

经过AA处理的图像　　　　　　未经AA处理的图像

・图2-70 | 像素角色的AA处理

一般来说，我们进行抗锯齿处理时绘制的过渡像素大约是线条长度的一半，越少越好。对于添加过渡颜色，可以先从一种颜色开始，两种颜色会获得更圆滑的效果。如果颜色不受限制或者特别有必要添加，可以增加到3种颜色。在平滑曲线中，像素的阶梯越长需要的AA过渡像素也越长。曲线越陡峭，颜色越少；像素线条的阶梯越长，需要的颜色越多。图2-71所示是AA处理的正确和错误示范。

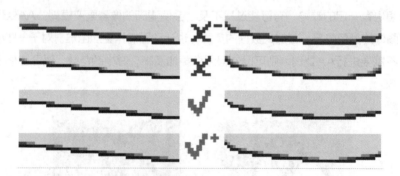

・图2-71 | 正确的抗锯齿像素绘制方式

2.4.4　像素角色制作实例

下面我们以一个简单的像素人物为例来介绍基本的绘制方法。像素角色风格非常有个性，可以随便改变比例或者元素。通常，我们会从角色的眼睛开始绘制，如果严格按照等角透视来画，那么眼睛势必一高一低，此时可以使用一些小技巧，让角色的脸看起来更好看，同时也更清晰。

　　这里用最简单的像素点来绘制一个像素人物。首先新建一个图层，用两个像素来绘制眼睛，中间隔一个像素，在距离眼睛1px的位置绘制一条垂直的线。然后在眼睛下方绘制两条水平的线，作为角色的嘴巴和下巴。最后绘制角色的头顶（见图2-72）。

・图2-72│绘制角色头部

　　接下来在图像的右侧眼睛处的隔一个像素的位置添加鬓角，这样便于为角色添加耳朵，然后向上绘制一个像素，与头发连上。然后空开耳朵位置的像素，把头发连接上，线相交的地方要圆滑。在耳朵顶部添加一个像素，这样就完成了耳朵的绘制。我们也可以改变头型，一般头部靠近脖子的地方比较窄（见图2-73）。

・图2-73│继续绘制头部

　　从下巴处绘制一条线，这是胸部。脖子从耳朵处延伸下来，垂直下降几个像素，然后绘制几个额外的对角线的像素，这是角色唯一可见的肩膀（见图2-74）。

・图2-74│绘制角色肩膀

　　在肩膀一端绘制一条12px的垂直线，这是手臂的一边，另一边应该相距2px。将两条线的下端连起来，这就是手。然后在手靠上一点绘制一条2：1的线，这是腰部。把胸部的线条连上，就完成了上半身的轮廓。另外一条胳膊是不可见的，因为被胸部挡住了。接下来绘制角色的下半身，我们要添加更多的垂线。脚很简单，只要比胳膊宽一点就行，并且因为是等角视图，一只脚要比另一只脚低（见图2-75）。

· 图2-75 | 绘制角色身体

　　最后我们要为绘制完成的像素轮廓添加颜色。首先要确定肤色，之后要确定袖子的长短、衬衫颈部的位置及式样，最后在衬衫和皮肤之间添加一条暗线以分隔它们。这些颜色可以比黑色亮一点，尤其是同一轮廓线内部的不同结构部分，例如从衬衫到皮肤或者裤子，这样所有线条的对比就不会那么僵硬，也更有体积感。另外，还可以在每个色区添加高光，避免使用过多的颜色或者渐变阴影，10%～25%的提亮或加深就足以让人物跃然纸上了。如果想要为那些已经接近100%亮度的颜色添加高光，可以试着降低其饱和度（见图2-76）。

· 图2-76 | 绘制添加颜色

　　下面我们再来制作一个较复杂的像素角色。首先在Photoshop中利用画笔工具绘制草稿，开始可以用稍微浅一点的颜色绘制，之后利用深色画笔勾勒出角色的基本轮廓形态（见图2-77）。

　　接下来使用Photoshop中的阈值工具将绘制的线稿转换为像素线稿。这里需要注意的是，阈值工具是可以通过滑块调节的，选择最接近单像素线条的效果即可，这样可以减少修改线条的工作量（见图2-78）。

· 图2-77 | 绘制角色线稿

· 图2-78 | 转换为像素线稿

　　因为利用阈值工具转换的线稿只能获得一个粗略的版本，接下来我们要对其进行修整绘制，利用像素绘制技法对线条进行整理，得到一个较为清晰的像素轮廓线条（见图2-79）。

　　然后在轮廓线稿内部进行基本颜色的填充，开始时不用考虑颜色的立体感和变化。这里我们需要填充一个比固有色略暗的颜色，之后可作为颜色的暗部色彩来使用（见图2-80）。

· 图2-79 | 整理线条

· 图2-80 | 填充颜色

新建两个图层，设置为叠加模式，最上面的为高光图层，将其不透明度设置为50%，然后用白色绘制出角色的亮部。在绘制之前，需要先设置好光源。这里，光源在右上方，明暗是由人体的结构和体积决定的（见图2-81）。

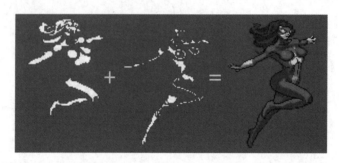

·图2-81│绘制角色亮部区域

黑色轮廓线使得角色略显呆板，接下来我们将角色的轮廓线改为彩色轮廓线，使亮部的轮廓线亮，暗部的轮廓线暗。尽量不用黑色，除非物体的固有色是黑的（见图2-82）。最后完善和调整角色的细节。图2-83所示为最终完成的角色效果。

·图2-82│修改轮廓线   ·图2-83│最终完成效果

2.4.5 像素角色动画

当像素角色设计和制作完成后，接下来的工作就是让角色动起来，毕竟游戏运行的过程中，角色都是以动态方式进行展现的。对于像素或者2D角色来说，它们没有3D系统中角色的骨骼系统，所有的角色无法自由进行动画制作，因此必须遵循传统的动画制作形式——逐帧动画。

逐帧动画也叫序列帧动画，是2D动画中最为常见的动画形式，其原理是在连续的关键帧中分解动画动作，也就是在时间轴的每帧上逐帧绘制不同的内容，使其连续播放，形成动画。简单来说，逐帧动画就是将角色动作分解，绘制成独立的图片，然后将这些图片有序进行播放。

以平面像素角色的跑步动作为例，我们将跑步的第一个动作和最后一个动作设定为同一个姿态，然后对中间的动作进行分解，主要就是双腿和手的交替，同时调整身体姿态，这样就将跑步动画绘制成不同的图片序列。当在游戏中触发跑步的指令时，角色就会自动播放跑步的序列帧动画，完成了动画的人机交互（见图2-84）。

• 图2-84｜角色跑步动画序列

对于平面视角的2D游戏来说，通常只需要考虑角色动画中角色的侧面运动效果，像跑步、走路这样的动作，只需要绘制两组序列帧即可：向左和向右。但对于斜视角2D游戏来说，角色动画的序列帧却非常复杂。由于游戏视角的变化，在斜视角场景中，角色并不会一直将侧面面向玩家，角色会出现各个角度的转身姿态，所以对于斜视角游戏角色动画来说，通常会绘制8个方向的角色序列帧动画。以角色走路为例，需要绘制角色向左、向右、向上、向下、左上、右上、左下、右下等动画序列帧（见图2-85）。

对于一些相对简单的像素或2D游戏来说，游戏中角色的设定通常是固定不变的，角色的发型、服装和装备等自始至终保持一致，在绘制角色动画的时候，通常是直接对角色整体进行逐帧绘制的。但对于一些比较复杂的游戏，尤其是当下的手机网络游戏，游戏角色是可以更换装备和变更外形的。例如，同一个游戏角色可以替换十几套不同的装备，如果还是按照整体绘制动画的方式，工作量将会非常大。

对于这种情况，通常采用角色拆分的方式来制作动画关键帧图片。假设游戏角色在更换服装时只是身体形态发生改变，角色头部保持不变，那么我们可以将角色头部进行拆分，将头部的序列帧动画单独进行制作，再对穿不同服装的身体动画进行制作，最后进行拼接。这种方法的优势是可以让角色在更换不同服装后仍然共用一套头部的动画，减少了工作量，提高了制作效率（见图2-86）。

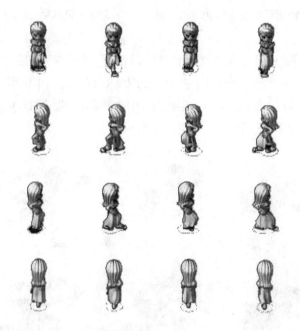

· 图2-85 | 斜视角游戏角色动画序列帧

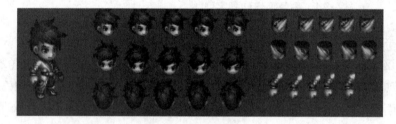

· 图2-86 | 利用拆分的方式制作角色动画

2.5 | 手机游戏UI设计制作

　　UI（User Interface，用户界面）泛指产品中面向用户的操作界面，手机游戏UI就是游戏视觉画面中的玩家操作界面。大家对游戏UI并不陌生，那么，怎样才算一个好的UI？有些人的认识可能是，漂亮的游戏界面就是好的UI。他们的做法是，在界面上加上复杂绚丽的边框、雍容华贵的底纹，角落还要有精致的图标装饰，想方设法地让所有好看的东西都出现在界面里。其实，以上这些都不是真正优秀的游戏UI的必备内容。

　　手机游戏是一个完整的产品，产品最终是要面对玩家的。很多玩家在面对游戏的时候，通常都是感受一个完整的游戏，而并不会像UI设计师一样只看与界面相关的东西。那么，这就涉及一个问题：玩家是怎样体验一个游戏的。一般来说，用户体验一个产品可以分为3个层次：产品功能、产品表现和产品的使用感受。对应到游戏产品，就是游戏玩法、游戏画面和游戏整体体验。

和以产品功能为主一样，游戏玩法往往是决定游戏好坏的关键。游戏画面的改进只能解决表现的问题，不能解决游戏的其他体验问题，也就是说，单方面调整表面的视觉元素只是换肤，并不能改变游戏整体给玩家带来的感受。

同理，一般玩家不会过度关注界面视觉单方面的感受，游戏UI的交互方式、界面信息罗列的繁简反而是玩家所注意的。不同职能的设计师对游戏UI的体现也有所不同。交互设计师体现的是表现力和易用性是否平衡，整体的交互逻辑是否顺畅；视觉设计师体现的是画面审美、布局等一系列设计原则是否合理。

然而，对于游戏UI设计，如何通过界面设计达到信息的有效传播是其基本诉求。如果玩家无法识别界面内的图标和对应的游戏功能，那么即使游戏界面设计得再酷炫，也毫无意义。例如，相对于文字，图形更具有吸引力，但是如果图形不能明确地表达意义，那么还不如想办法设计好文字来传达。

功能易用是游戏UI设计的首要因素，它决定一款游戏的核心体验。艺术则是游戏功能的外在表现，能够有效地提升游戏产品的市场价值。但是过度强调艺术感，一味地堆砌功能和装饰，会让玩家产生距离感。因此，游戏UI设计时应注意功能性和审美性两者的平衡。设计师的一些概念设计虽然可能让人眼前一亮，但是在开发阶段很难被准确地还原，最终游戏里呈现的画面可能还不如一些普通游戏的品质。所以，一个好的游戏UI至少要具备好用、易用、简单、亲和、能进行情感联系和具有可延续性这几个基本特质。

下面我们来介绍一些手机游戏UI设计领域通用的设计理念。

1. 简化游戏

凝练主要信息，一个界面上显示的信息、数字、按钮不能太多，对于次要信息，增加一个呼出按钮，因为玩家毕竟不能像在计算机或者平板电脑上那样进行更多的信息查询和调整。

2. 字体

字体要足够大，制作时，需要把设计好的界面放在手机上查看最终效果。

3. 按钮

按钮要足够大，足够亮，这样才能够突出显示，保证视觉清晰，操作时不会出现太多误差。此外，按钮之间要有一定间隔（见图2-87）。

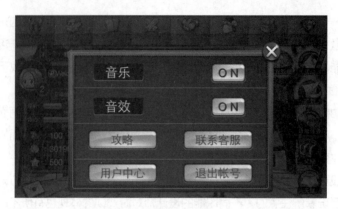

· 图2-87｜游戏界面中的按钮

4. 色彩

　　界面色彩要统一，这需要根据每个游戏的特征进行掌握。不要用太暗的颜色，也不要太亮。如果界面的颜色反差太大，会让用户有脱离游戏的感觉。当然有的游戏也会根据特殊设定，大胆运用一些反差较大的色彩来增加游戏的视觉冲击力。色彩只是游戏设计中的一小部分，运用得好可以锦上添花，运用得不好会给用户带来不良的视觉体验（见图2-88）。

· 图2-88｜舒服的游戏界面色彩

5. 图标设计

　　每个图标都是一个入口，应该尽量设计得有辨识度，根据不同的图标功能进行归类排布。

6. 界面

　　界面要简洁，一般不要超过三级操作。界面之间的功能契合度要好，根据系统功能进行有机整合，保证每个玩家行为都能够用最少的步骤完成。

7. 信息

信息的展示等级：动态特效>图片>按钮>文字（明暗度、大小、频率、色彩）。根据需求对有时效性的物体进行有效设计，对于重要的物体进行标位。

8. 友好度

保证每个功能都有按钮或者文字进行引导，使玩家可以按照文字或者按钮提示顺利进行"下一步"或者"上一步"操作，不会出现不知所措的情况。每款游戏都有自己独特的操作特性，想让用户在最短的时间内了解游戏的操作，需要设计一些引导界面来帮助用户。引导界面的表现应直观，只需要用简单的指示图片和说明文字言简意赅地说明游戏的独特性和操作习惯即可，不需要用太多花哨的元素去修饰。让用户能轻松地理解游戏的特性，引导界面就算起到了作用（见图2-89）。

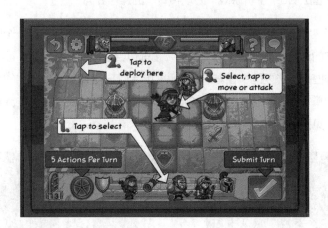

· 图2-89｜游戏UI用户引导界面

9. 精致

在基础功能完善的前提下，尽可能将UI做得精致，赋予其更多细节。

10. 特性

设计时，要充分利用手机游戏的特性，充分利用上、下、左、右划屏，以及隐藏和呼出界面等操作，多参照各种手机软件的操作设计。横屏的手机游戏以标签切换和屏幕左右划动为主，充分利用触摸屏的滑动空间感，几乎所有的操作一个手指就能够完成。而竖屏游戏通常更加注重常用按钮和互动型按钮的提炼，明确系统功能的归类，让操作更加简便。

举几个简单的例子，在"刀塔传奇"这款手机游戏中，以左右呼应来实现界面的操作，以上下划动的操作来进行扩展，省去了很多的弹出界面，使大部分操作在一个界面中就能够进行，而且是通过两手配合完成的，省去了手指的移动过程（见图2-90）。

· 图2-90 | 手机游戏"刀塔传奇"的操作界面

　　下面我们通过实例来讲解一下游戏UI的基本制作流程。开始尝试做一个UI时，第一步是搞清楚将要制作的这个界面到底是什么样的，它都包含哪些功能和元素，哪些是重要的，哪些是次要的，哪些是不必要的。在本节中，我们将制作一个欧美卡通风格的手机游戏UI子界面。首先需要收集一些同类游戏的界面作品，多观察，提炼出它们共同的元素点，参考并借鉴它们的布局（见图2-91）。

· 图2-91 | 搜集素材参考

　　当头脑中有一个基本框架的时候，在Photoshop中创建一个新的文件页面，设置合适的尺寸和分辨率。新建一个图层，然后根据实际需要进行排版，粗略绘制界面布局草稿线框图（见图2-92）。这一阶段的绘制要以玩家体验为主，了解玩家的操作习惯，尽可能方便玩家操作，帮助玩家快速了解游戏相关功能和重要信息内容。

· 图2-92 | 绘制界面布局草稿线框图

　　在草稿线框图确定后，开始进入风格确定阶段。这一阶段需要收集大量的参考图片，选择对自己有启发的，可以收集各种跨界图片，而不仅限于游戏类，可以从色彩搭配、材质表现、造型等多个维度进行收集。

　　收集工作完成后，就要开始着手制作风格稿。这是一个反复推敲的阶段。在做项目的时候，想要一稿定乾坤，可以说是不大可能的，往往需要做多种尝试，最后找出最符合项目整体需求的方案。

　　接下来将最初绘制的布局草稿线框图置于背景画面的顶层，利用我们之前收集的素材，根据布局草稿线框图中布置的各种图标、图片等元素快速粗略地拼出初稿。这一阶段主要是确定整体界面的局部感觉和美术元素风格色彩的搭配，要反复多次尝试几种不同的风格。尽量避免在这一阶段抠细节和用纯手绘稿刻画效果，以免造成不必要的时间成本浪费（见图2-93）。

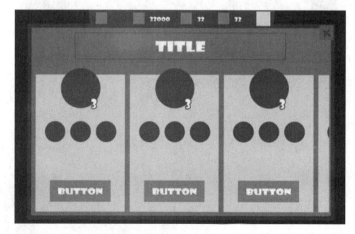

· 图2-93 | 确定基本界面布局

风格方案确定后，剩下的就是绘制细节。首先把基本的图标和内容加到界面图层上（见图2-94），然后集中精力反复打磨，对各种细节表现进行刻画。刻画表现的方法包括纯手绘制作和矢量制作。图2-95所示是最终制作完成的游戏界面效果。

· 图2-94│初步添加细节

· 图2-95│最终完成的游戏界面效果

第3章

3D模型与贴图技术

🎯 3.1 | 3D模型制作软件

对于游戏美术设计师来说，熟练掌握各类制作软件是踏入游戏制作领域的最基本条件，只有熟练掌握软件才能将自己的创意和想法淋漓尽致地展现在游戏世界当中。

在3D游戏美术制作中，常用的3D软件主要有3ds Max和Maya。在欧美各国及日本的计算机和家用机游戏制作中，通常使用Maya来进行3D制作，而在国内，大多数游戏，尤其是手机游戏制作，主要以3ds Max作为3D模型制作软件，这主要是由游戏引擎技术和程序接口技术决定的。虽然这两款软件同为Autodesk公司旗下的产品，但在功能界面和操作方式上有很大的不同。下面我们主要以3ds Max来进行讲解。

3D Studio Max，简称3ds Max或MAX（3ds Max 2015的启动界面见图3-1），是Autodesk公司开发的基于PC系统的3D动画渲染和制作软件。3ds Max软件的前身是基于DOS操作系统的3D Studio系列软件。作为元老级的3D设计软件，3ds Max具有独立完整的设计功能，广泛应用于广告、影视、工业设计、建筑设计、多媒体制作、游戏、辅助教学及工程可视化等领域。由于其堆栈命令操作简单便捷，加上强大的多边形编辑功能，使得3ds Max在游戏3D美术设计方面显示出得天独厚的优势。2005年，Autodesk公司收购了Maya软件的生产商Alias，成了全球最大的3D设计和工程软件公司。在进一步加强Maya整体功能的同时，Autodesk公司并没有停止对3ds Max的研究与开发，从3ds Max 1.0开始，到经典的3ds Max 7.0、8.0、9.0，再到最新的3ds Max 2016，每一代的更新都在强化旧有的系统和不断增加新功能，使得3ds Max成为世界上最为专业和强大的3D设计制作软件。

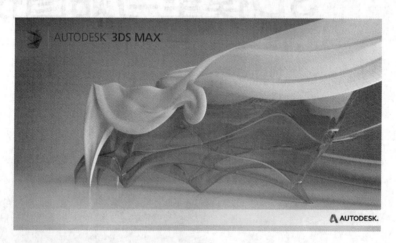

· 图3-1 | 3ds Max 2015的启动界面

具体到游戏美术制作来说，主要应用3ds Max制作各种游戏模型元素，如场景建筑模型、植物山石模型、角色模型等。另外，游戏中的各种粒子特效和角色动画也要通过3ds

Max来制作。各种3D美术元素最终要导入到游戏引擎地图编辑器中使用，在一些特殊的场景环境中，3ds Max还要代替地图编辑器来模拟制作各种地表形态。下面我们从不同的方面来了解3ds Max软件在游戏制作中的具体应用。

1. 制作建筑模型和场景道具模型

建筑是3D游戏场景的重要组成元素，通过各种单体建筑模型组合形成的建筑群落是构成游戏场景的主体要素（见图3-2）。制作建筑模型是3ds Max在3D游戏场景制作中的重要内容。除了游戏中的主城、地下城等大面积纯建筑形式的场景以外，3D游戏场景中的建筑模型还包括以下形式：野外村落及相关附属的场景道具模型；特定地点的建筑模型，如独立的宅院、野外驿站、寺庙、怪物营地等；各种废弃的建筑群遗迹；野外用于点缀装饰的场景道具模型，如雕像、栅栏、路牌等。

· 图3-2 | 游戏中的主城

2. 制作各种植物模型

在游戏中，除了以主城、村落等建筑为主的场景外，地图中的绝大部分场景都是野外场景，因此需要用到大量花草树木等植物模型，这些都是通过3ds Max来制作完成的。将制作完成后的植物模型导入到游戏引擎地图编辑器中，可以进行"种植"操作，也就是将植物模型植入到场景地表中。植物的叶片部分还可以进行动画处理，让其随风摆动，显得更加生动自然（见图3-3）。

3. 制作山体和岩石模型

在3D游戏的场景制作中，大面积的山体和地表通常是由引擎地图编辑器来生成和编辑的。但这些山体形态往往过于圆滑，缺乏丰富的形态变化和质感，所以要想得到造型更加丰富、质感更加坚硬的岩体，必须通过3ds Max来制作（见图3-4）。使用3ds Max制作出的山石模型不仅可以用作大面积的山体造型，还可以充当场景道具来点缀游戏场景，丰富场景细节。

·图3-3｜游戏场景中的植物模型

·图3-4｜游戏场景中的山石模型

4. 代替地图编辑器制作地形和地表

在个别情况下，使用游戏引擎地图编辑器可能对地表环境的编辑无法达到预期的效果，这时就需要通过3ds Max来代替地图编辑器制作场景的地形结构。例如图3-5中的悬崖场景，悬崖的形态结构极具特点，同时还要配合悬崖上的建筑和悬崖侧面的木梯栈道，这就需要使用3ds Max根据具体的场景特点来进行制作。有时还需要3ds Max和引擎编辑器共同配合来完成场景制作。

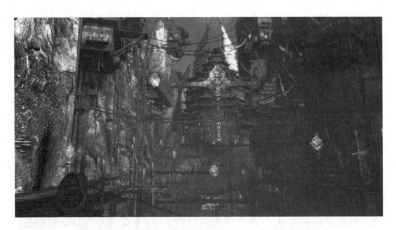

・图3-5 | 网络游戏中特殊的场景地形

5. 制作角色模型和动画

除了游戏场景模型外，在3D游戏中，游戏角色模型的制作也是3ds Max的主要任务。游戏角色建模完成后，我们还需要对模型进行骨骼绑定和蒙皮设置，通过3ds Max软件中的骨骼系统对模型实现可控的动画调节（见图3-6）。骨骼绑定完成后，我们就可以对模型进行动作调节和动画的制作，调节的动作通常需要保存为特定格式的动画文件，然后在游戏引擎中，系统和程序会根据角色的不同状态对动作文件进行加载和读取，实现角色的动态过程。

・图3-6 | 3D角色及骨骼动画

6. 制作粒子特效和动画

粒子特效和动画是游戏制作后期用于整体修饰和优化的重要手段，其中粒子和动画部分的前期制作是通过3ds Max来完成的，包括角色的技能动画特效及场景特效等。特效的粒子生成、设置及特效需要的模型元素都要在3ds Max中进行独立制作，完成后再导入到游戏引擎编辑器中（见图3-7）。

·图3-7│游戏场景中的瀑布效果

对于游戏尤其是手机游戏美术制作来说，3ds Max主要用来制作游戏模型。一般，3D手机游戏中对于建模的要求相对简单，所以对于所使用的3ds Max软件版本的要求不高。在考虑软件功能性的同时，也要兼顾个人计算机的硬件配置和整体的稳定性，要保证软件在当前的个人计算机系统下能够流畅运行，尽量避免低配置计算机使用过高的软件版本而出现频繁死机、系统崩溃的情况。通常，3ds Max 2012以后的软件版本的功能对于游戏美术制作来说已经足够强大，我们可以根据游戏项目的要求及个人计算机的硬件情况来选择合适的软件版本。

3.2│3ds Max软件视图的基本操作

单击图标启动软件，打开3ds Max的操作主界面。3ds Max主界面主要包括菜单栏、快捷按钮区、快捷工具菜单、工具命令面板区、动画与视图操作区及视图区六大部分（见图3-8）。

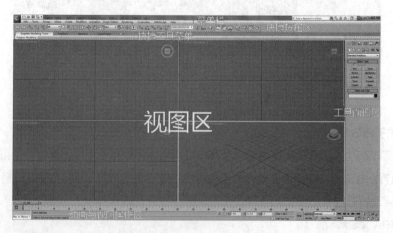

·图3-8│3ds Max的主界面

快捷工具菜单，也叫"石墨"工具栏，是在3ds Max 2010以后的版本才加入的。在3ds Max 2010版本发布的时候，Autodesk同时宣布启动一项名为"Excalibur"的全新发展计划，也称"XBR神剑计划"。这是Autodesk对于3ds Max软件的一项全新的发展重建计划，主要针对3ds Max的整体软件内核效能、UI交互界面及软件工作流程等进行重大的改进与变革，计划通过3个阶段来实施完成，而3ds Max 2010就是第一阶段的成果。

3ds Max 2010版本以后，软件在建模、材质、动画、场景管理及渲染方面较之前都有大幅度的变化和提升。窗口及UI界面较之前的软件版本变化很大，但基本的多边形编辑功能并没有很大的变化，只是在界面和操作方式上做了一定的改动。所以在软件版本的选择上，并不一定要用新版，而是要综合考虑个人计算机的配置，实现性能和稳定性的良好协调。

对于3D游戏场景美术制作来说，主界面中最为常用的是快捷按钮区、工具命令面板区及视图区。菜单栏虽然包含众多的命令，但在实际建模操作中却很少用到，菜单栏中常用的几个命令也基本包括在快捷按钮区中，只有File（文件）和Group（组）菜单比较常用。

视图区作为3ds Max软件中的可视化操作窗口，是3D制作中最主要的工作区域，熟练掌握3ds Max视图操作是3D游戏美术设计制作最基本的能力，其操作熟练程度也直接影响到项目的工作效率和进度。

视图操作按钮在3ds Max主界面的右下角，按钮不多，却涵盖了几乎所有的视图基本操作。但在实际制作中，这些按钮的实用性并不大，如果仅靠按钮来完成视图操作，那么整体制作效率将大大降低。在实际3D设计和制作中，更多的是按每个按钮相应的快捷键来代替单击按钮操作。能熟练运用快捷键操作3ds Max软件，也是3D游戏美术师的基本能力。

3ds Max视图操作主要包括以下几个方面：视图选择与切换、单视图窗口的基本操作及视图中快捷菜单的操作。下面针对这几个方面做详细讲解。

3.2.1 视图选择与快速切换

3ds Max中的视图默认经典模式是"四视图"，即顶视图、正视图、侧视图和透视图。但四视图的模式并不是唯一的、不可变的。在视图左上角的"+"图标上单击，在弹出的菜单中选择"Configure Viewports…"命令，弹出视图设置窗口，在Layout（布局）选项中，用户可以选择自己喜欢的视图样式（见图3-9）。

在游戏场景制作中，最常用的多视图格式还是经典四视图模式，因为在这种模式下，不仅能显示透视窗口或用户视图窗口，还能显示Top、Front、Left等不同视角的视图窗口，让模型的操作更加便捷、精确。在选定的多视图模式中，把指针移动到视图框体边缘，可以通过自由拖动调整各视图的大小。如果想要恢复原来的设置，只需要把指针移动到所有分视图框的交接处，在指针变为移动符号后，用鼠标右键单击Reset Layout（重置布局）即可。

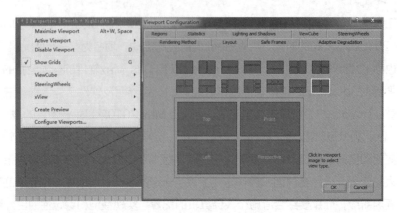

· 图3-9 ｜ 视图布局设置

下面简单介绍一下不同的视图角度。经典四视图中的Top视图是从模型顶部正上方俯视的视角，也称顶视图；Front视图是从模型正前方观察的视角，也称正视图；Left视图是从模型正侧面观察的视角，也称侧视图；Perspective视图也就是透视图，是以透视角度来观察模型的视角（见图3-10）。除此以外，常见的视图还包括Bottom（底视图）、Back（背视图）、Right（右视图）等，分别是顶视图、正视图和侧视图的反向视图。

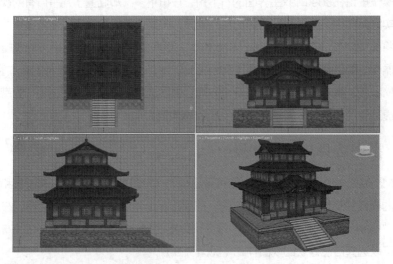

· 图3-10 ｜ 经典四视图模式

在实际的模型制作当中，透视图并不是最适合的显示视图，最为常用的视图为Orthographic（用户视图）。用户视图与透视图最大的区别是，用户视图中的模型物体没有透视关系，这样更利于在编辑和制作模型时对物体进行观察（见图3-11）。

在视图左上角"+"图标右侧有两个选项，单击可以显示菜单选项（见图3-12）。图3-12中，左侧的菜单是视图模式菜单，主要用来设置当前视图窗口的模式，包括摄像机

视图、透视图、用户视图、顶视图、底视图、正视图、背视图、左视图、右视图。在选中的
当前视图下或者在单视图模式下，可以直接通过快捷键来快速切换不同角度的视图。多视图
和单视图切换的默认快捷键为【Alt+W】，当然所有的快捷键都是可以设置的，如设定为
空格。

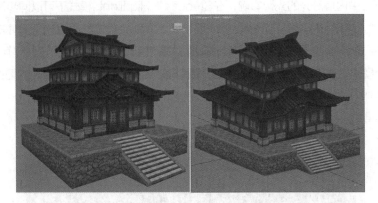

· 图3-11 | 透视图与用户视图的对比

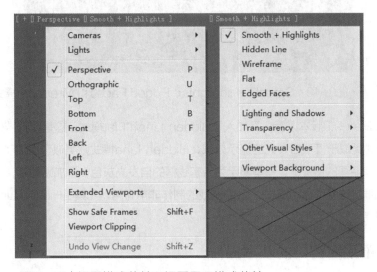

· 图3-12 | 视图模式菜单和视图显示模式菜单

在多视图模式下，如果要选择不同角度的视图，只需要单击相应视图即可，被选中的视
图周围会出现黄色边框。这里涉及一个问题：在复杂的包含众多模型的场景文件中，如果当
前选择了一个模型物体，此时想要切换视图角度，如果直接单击其他视图，在视图被选中的
同时也会丢失对模型的选择。如何避免这个问题？只需要用鼠标右键单击想要选择的视图即
可，这样既不会丢失模型的选择状态，同时还能激活想要切换的视图窗口。

图3-12右侧的菜单是视图显示模式菜单，主要用来切换当前视窗模型物体的显示方式，包括5种显示模式：光滑高光模式（Smooth + Highlights）、屏蔽线框模式（Hidden Line）、线框模式（Wireframe）、自发光模式（Flat）及线面模式（Edged Faces）。

Smooth + Highlights模式是模型物体的默认标准显示方式，在这种模式下，模型受3ds Max场景中内置灯光的光影影响；在Smooth + Highlights模式下可以同步激活Edged Faces 模式，这样可以同时显示模型的线框；Wireframe模式即隐藏模型实体的只显示模型线框的模式。不同的模式可以通过快捷键来进行切换，按【F3】键可以切换到Wireframe模式，按【F4】键可以激活Edged Faces模式。通过显示模式的切换与选择，用户可以更加方便地制作模型。图3-13所示为Smooth + Highlights、Edged Faces和Wireframe模式的显示方式。

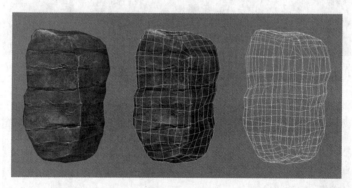

· 图3-13｜Smooth+Highlights、Edged Faces和Wireframe模式

在3ds Max 9.0版本以后，又加入了Hidden Line和Flat模式，这是两种特殊的显示模式。Flat模式类似于模型自发光的显示效果；Hidden Line模式则类似于叠加了线框的Flat模式，在没有贴图的情况下，模型显示为带有线框的自发光灰色，添加贴图后，同时显示贴图和模型线框。这两种显示模式对于3D游戏的制作非常有用，尤其是Hidden Line模式，可以极大地提高即时渲染和显示的速度。

3.2.2　单视图窗口的基本操作

单视图窗口的基本操作主要包括视图焦距推拉、视图角度转变、视图平移操作等。视图焦距推拉主要用于视图整体操作与精确操作、宏观操作与微观操作的转变。视图推进可以进行更加精细的模型调整和制作；视图拉出可以对整体模型场景进行整体调整和操作，可在按住快捷键【Ctrl+Alt】的同时滑动鼠标中间的滚轮，在实际操作中更为快捷的操作方式是用鼠标滚轮来实现，滚轮往前滚动为视图推进，滚轮往后滚动为视图拉出。

视图角度转变主要在模型制作时进行不同角度的视图旋转，方便从各个角度和方位对模型进行操作。具体操作方法为，按住【Alt】键的同时滑动鼠标中间的滚轮，然后滑动鼠标进行不同方向的转动操作。通过右下角的视图操作按钮还可以设置不同轴向基点的旋转，最常用的是Arc Rotate Subobject，以选中物体为旋转轴向基点进行视图旋转。

视图平移操作可以方便地在视图中进行不同模型间的查看与选择，滑动鼠标中间的滚轮就可以进行上、下、左、右平移操作。在3ds Max右下角的视图操作按钮中单击Pan View按钮，可以切换为Walk Through（穿行模式），这是3ds Max 8.0后增加的功能，这个功能对于游戏制作尤其是3D场景制作十分有用。将制作好的3D游戏场景切换到透视图，然后通过穿行模式可以以第一人称视角的方式身临其境地感受游戏场景的整体氛围，从而进一步发现场景制作中存在的问题，方便之后的修改。在切换为穿行模式后，鼠标指针会变为圆形目标符号，【W】和【S】键可以控制前后移动，【A】和【D】键可以控制左右移动，【E】和【C】键可以控制上下移动，转动鼠标可以查看周围场景，通过【Q】键可以切换行动速度。

这里介绍一个小技巧：在一个复杂的大型场景制作文件中，当我们选定一个模型后进行视图平移操作，或者通过模型选择列表选择了一个模型物体，要想快速将所选的模型归位到视图中间时，可以通过快捷键【Z】实现。无论当前视图窗口与所选的模型物体是怎样的位置关系，只要按【Z】键，就可以将被选模型物体迅速移动到当前视图窗口的中间位置。如果当前视图窗口中没有被选择的物体，这时按【Z】键会将整个场景中的所有物体作为整体显示在视图屏幕的中间位置。

在3ds Max 2009版本后加入了一个有趣的新工具——ViewCube（视图盒），这是一个显示在视图右上角的工具图标，它以3D立方体的形式显示，并可以进行各种角度的旋转操作（见图3-14）。视图盒的不同面代表了不同的视图模式，通过单击可以快速切换各种角度的视图，单击视图盒左上角的房屋图标可以将视图重置到透视图坐标原点的位置。

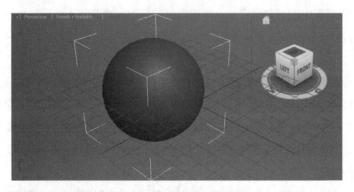

· 图3-14 | ViewCube（视图盒）

另外，在单视图和多视图切换时，特别是切换到用户视图后想再切换回透视图，经常会出现透视角度改变的情况，这里的视野角度是可以设定的，在视图左上角"+"的下拉菜单中选择"Configure Viewports"选项，单击Rendering Method标签栏，可以为视野角度设置具体数值，默认的标准角度为45°（见图3-15）。

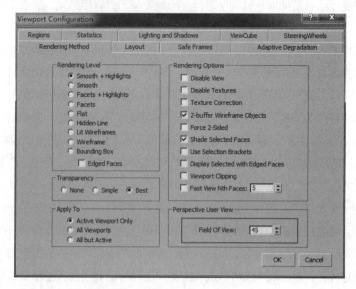

· 图3-15 | 视野透视的设定

3.2.3 视图中快捷菜单的操作

对于3ds Max的视图操作，除了上面的基本操作外，还有一个很重要的部分，就是快捷菜单的操作。在3ds Max视图中的任意位置用鼠标右键单击，都会出现快捷菜单，这个菜单中的许多命令对于3D模型的制作有重要的作用。这个菜单中的命令通常针对的是被选择的物体对象，如果场景中没有被选择的物体模型，那么这些命令将无法独立执行。这个菜单包括上下两大部分：Display（显示）和Transform（变形）。下面对这两部分中的重要命令进行详细讲解。

在Display菜单中，最重要的就是"冻结"和"隐藏"这两组命令，这是游戏场景制作中经常使用的命令。所谓"冻结"，就是将3ds Max中的模型物体锁定为不可操作状态，被"冻结"后的模型物体仍然显示在视图窗口中，但无法对其进行任何操作。Freeze Selection是指将被选择的模型物体进行"冻结"操作。Unfreeze All是指将所有被"冻结"的模型物体取消"冻结"状态。

通常，被"冻结"的模型物体都会变为灰色，并且会隐藏贴图显示，由于灰色与视图背景色相同，因此经常会造成制作上的不便。这里其实是可以设置的，在3ds Max主界面右侧Display（显示）面板下的Display Properties（显示属性）栏中，有一个选项"Show Frozen in Gray"，只需要取消选择这个选项，便会避免被"冻结"的模型物体变为灰色状态（见图3-16）。

· 图3-16 | 视图快捷菜单与取消冻结灰色状态的设置

　　所谓"隐藏"，就是让3ds Max中的模型物体在视图窗口中处于不可见的状态。"隐藏"不等于"删除"，被隐藏的模型物体只是处于不可见状态，但并没有从场景文件中消失，在执行相关操作后，可以取消其隐藏状态。隐藏命令在游戏场景制作中是最常用的命令之一，在复杂的3D模型场景文件当中，在制作某个模型的时候经常会被其他模型阻挡视线，尤其是包含众多模型物体的大型场景文件，而隐藏命令有效地解决了这个问题，让模型制作更加方便。

　　Hide Selection是指将被选择的模型物体进行隐藏操作；Hide Unselected是指将被选择模型以外的所有物体进行隐藏操作；Unhide All是指对场景中的所有模型物体取消隐藏状态；Unhide by Name是指通过模型名称选择列表取消模型物体的隐藏状态。

　　这里介绍一个小技巧：在场景制作中，如果有其他模型物体阻挡操作视线，除了使用隐藏命令外，还有一种方法，即选中阻挡视线的模型物体，按快捷键【Alt+X】，被选中的模型就变为半透明状态，这样不仅不会影响模型的制作，还能观察到前后模型之间的关系（见图3-17）。

· 图3-17 | 将模型以半透明状态显示

在Transform菜单中，除了包含移动、旋转、缩放、选择、克隆等基本模型操作外，还包括物体属性、曲线编辑、动画编辑、关联设置、塌陷等一些高级命令。这里着重介绍Clone（克隆）命令。所谓"克隆"，就是指将一个模型物体复制为多个个体的过程，快捷键为【Ctrl+V】。对被选择的模型物体执行Clone命令或者按【Ctrl+V】组合键可对该模型进行原地克隆操作，而选择模型物体后按住【Shift】键并对其进行移动、选择、缩放，则可对该模型进行等单位的克隆操作，在释放鼠标后会弹出设置对话框（见图3-18）。

克隆后的对象物体与被克隆物体之间存在3种关系：Copy（复制）、Instance（实例）和Reference（参考）。Copy是指克隆物体和被克隆物体间没有任何关系，改变其中的任何一方对另一方都没有影响；Instance是指克隆操作后改变克隆物体的设置参数时，被克隆物体也随之改 · 图3-18 | 克隆设置对话框
变，反之亦然；Reference是指克隆操作后，改变被克隆物体的设置参数可以影响克隆物体，而改变克隆物体的参数不影响被克隆物体。这3种关系是3ds Max中的模型之间常见的基本关系，在很多命令设置窗口中经常能看到。在克隆设置对话框的Name文本框中可以输入克隆的序列名称。

图3-19所示场景中的大量帐篷模型都是通过复制实现的，这样可以节省大量的制作时间，提高工作效率。

· 图3-19 | 利用克隆命令制作的场景

3.3 | 3ds Max模型的创建与编辑

建模是3ds Max的基础和核心功能，3D制作的各种工作任务都是在所创建模型的基础

上完成的，无论是动画制作还是游戏制作，想要完成最终作品首先要解决的问题就是建模。具体到3D网络游戏制作来说，建模更是游戏项目美术制作部分的核心工作内容，尤其是对于3D场景美术设计师，其每天最主要的工作内容就是与模型打交道，无论多么宏大壮观的场景，都是一砖一瓦从基础的模型开始搭建的。所以，成为游戏美术师的第一步就是学会建模。

在3D游戏场景制作中，建模的主要内容包括制作单体建筑模型、复合建筑模型、场景道具模型、雕塑模型、自然植物模型、山石模型、自然地理环境模型等。场景模型的制作方式与生物建模有所不同，游戏场景中的大多数模型不需要严格按照模型一体化的原则来创建。在场景建模中，允许不同的多边形模型物体相互交叉。正是由于"交叉"，才使得游戏场景建模灵活多变，在结构表现上不受多边形编辑的限制，可以自由组合、搭配与衔接（见图3-20）。

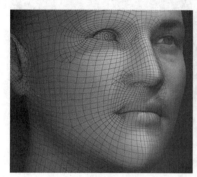

· 图3-20 | 场景建模中模型面间的交叉

场景建模与生物建模的区别很大，一部分原因是受贴图方式的影响。生物模型之所以要遵循模型一体化创建的原则，是因为在游戏制作中必须保证生物模型用尽量少的贴图。在贴图赋予模型之前调整UV分布的时候，就必须把整个模型的UV线均匀平展在一张贴图内，这样才能保证最终模型贴图的准确。而场景建模恰好相反，场景模型的贴图大多利用循环贴图，不需要把UV都平展到一张贴图中，每一部分结构或每一块几何体都可以被赋予不同的贴图，所以无论模型怎样交叉衔接都不会有太大的影响。

3ds Max的建模技术博大精深，内容繁杂，这里只有选择性地讲解与3D游戏场景制作相关的建模知识，从基本操作入手，循序渐进地学习3D游戏场景模型的制作。

3.3.1　几何体模型的创建

在3ds Max主界面右侧的工具命令面板中，Create（创建）面板下的Geometry面板就是主要用来创建几何体模型的面板，其下拉菜单中的Standard Primitives命令用来创建基础几何体模型。表3-1列出了3ds Max所能创建的10种基本几何体模型，示例见图3-21。

• 表3-1 | 3ds Max能创建的几何体模型

几何体模型名称	说明	几何体模型名称	说明
Box	立方体	Cone	圆锥体
Sphere	球体	Geosphere	三角面球体
Cylinder	圆柱体	Tube	管状体
Torus	圆环体	Pyramid	角锥体
Teapot	茶壶	Plane	平面

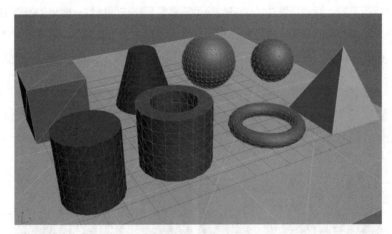

• 图3-21 | 3ds Max创建的基础几何体模型

　　选择想要创建的几何体，在视图中用鼠标拖曳就可以完成模型的创建。在拖曳过程中，单击鼠标右键可以随时取消创建。创建完成后切换到Modify（修改）面板，可以对创建的几何模型进行参数设置，包括长、宽、高、半径、角度、分段数等的设置。在Modify面板和Create面板中都能对几何体模型的名称进行修改，单击名称后面的色块可设置几何体的边框颜色。

　　在Geometry面板的下拉菜单中选择"Extended Primitives"命令，可创建扩展几何体模型。扩展几何体模型的结构相对复杂，可调参数也更多（见图3-22）。扩展几何体模型使用的机会通常较少，因为这些模型可以通过对基础几何体模型进行多边形编辑得到。这里只介绍几种常用的扩展几何体模型：ChamferBox（倒角立方体）、ChamferCylinder（倒角圆柱体）、L-Ext和C-Ext。尤其是L-Ext和C-Ext，对于场景建筑模型的墙体制作十分快捷、方便，可以在短时间内创建各种形态的墙体模型。

　　另外，这里还要特别介绍一组模型，即Stair（楼梯）模型。在Stair面板中能够创建4种不同形态的楼梯结构，分别为L Type Stair（L形楼梯）、Spiral Stair（螺旋楼梯）、Straight Stair（直楼梯）及U Type Stair（U形楼梯）。这些模型对于3D游戏场景中楼梯的制作起到很大的作用（见图3-23）。

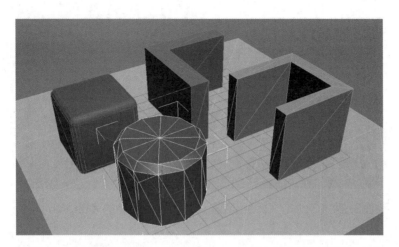

· 图3-22 | 常用的扩展几何体模型

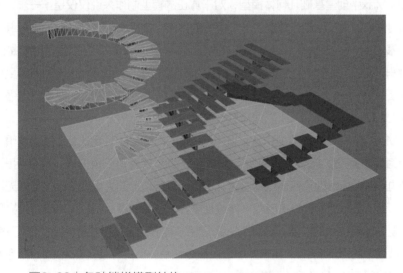

· 图3-23 | 各种楼梯模型结构

与几何体模型的创建相同，选择相应的楼梯类型，用鼠标在视图窗口中拖曳就可以创建出楼梯模型，然后在Modify面板中对其高矮、宽窄、楼梯步幅、楼梯阶数等参数进行具体设置和修改，这些参数设置只要经过简单尝试便可掌握。这里着重介绍一下Type（类型）参数的设置。在Type面板中有3种模式可以选择，分别为Open（开放式）、Closed（闭合式）和Box（盒式）。同一种楼梯结构模型通过不同类型的设置又可以有3种不同的形态。在游戏场景制作中最为常用的是Box类型，在这种模式下，通过多边形编辑可以制作游戏场景需要的各种基础阶梯结构（见图3-24）。

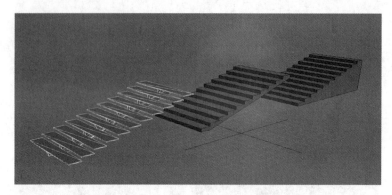

· 图3-24 | Open、Closed和Box这3种不同类型的楼梯结构

3.3.2 多边形模型的编辑

在3ds Max中创建基础几何体模型，对于真正的模型制作来说仅仅是第一步，不同形态的基础几何体模型为模型制作奠定了一个良好的基础，之后要通过模型的多边形编辑才能完成模型的最终制作。在3ds Max 6.0以前的版本中，几何体模型的编辑主要是通过Edit Mesh（编辑网格）命令来完成的。在3ds Max 6.0之后，Autodesk研发出了更加强大的多边形编辑命令——Edit Poly（编辑多边形），并在之后的软件版本中不断增强和完善该命令。到3ds Max 8.0时，Edit Poly命令已经十分完善。

Edit Mesh与Edit Poly这两个模型编辑命令的不同之处：使用Edit Mesh编辑模型时以三角形面为编辑基础，模型物体的所有编辑面最后都转换为三角形面，而使用Edit Poly（编辑多边形）命令处理几何模型物体时，编辑面以四边形面为编辑基础，最后无法自动转换为三角形面。在早期的计算机游戏制作过程中，大多数的游戏引擎技术支持的模型都是三角形面模型，随着技术的发展，Edit Mesh已经不能满足3D游戏制作中对于模型编辑的需要，逐渐被强大的Edit Poly（编辑多边形）命令代替。此外，使用Edit Poly命令编辑的模型还可以和使用Edit Mesh命令编辑的模型进行自由转换，以满足各种制作需要。

模型转换为Edit Poly（编辑多边形）模式，可以通过以下3种方法。

（1）在视图窗口中选中模型，单击鼠标右键，在弹出的快捷菜单中选择"Convert to Editable Poly（塌陷为可编辑的多边形）"命令，即可将模型转换为Edit Poly模式。

（2）在3ds Max界面右侧的Modify面板的堆栈窗口中对需要的模型单击鼠标右键，同样选择"Convert to Editable Poly"命令，也可将模型转换为Edit Poly模式。

（3）在堆栈窗口中，对想要编辑的模型直接执行Edit Poly命令，也可让模型进入Edit Poly模式。这种方法与前面两种方法有所不同。对于执行Edit Poly命令后的模型，在编辑的时候，还可以返回上一级模型参数设置界面，而上面两种方法则不可以，所以这种方法更为灵活。

在Edify Poly（编辑多边形）模式下，共有5个层级，分别是Vertex（点）、Edge（线）、Border（边界）、Polygon（面）和Element（元素）。每个多边形从点、线、面到整体互相配合，都为多边形编辑服务，通过不同层级的操作，最终完成模型整体的搭建制作。

在进入每个层级后，菜单窗口会出现不同层级的专属面板，同时所有层级还共享统一的多边形编辑面板。图3-25所示是编辑多边形的命令面板，包括Selection（选择）、Soft Selection（软选）、Edit Geometry（编辑几何体）、Subdivision Surface（细分表面）、Subdivision Displacement（细分位移）和Paint Deformation（绘制变形）。下面我们将针对每个层级详细讲解模型编辑中常用的命令。

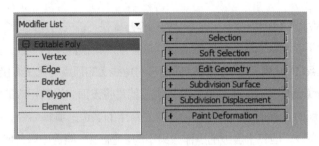

· 图3-25 | 多边形编辑中的层级和各种命令面板

1. Vertex（点）层级

在点层级下的Selection（选择）面板中，有一个重要的选项Ignore Backfacing（忽略背面）。当选择这个选项后，在视图中选择模型可编辑点的时候，将会忽略所有当前视图背面的点。此选项在其他层级中也同样适用。

Edit Vertices（编辑顶点）面板是点层级下独有的面板，其中的大多数命令都是常用的编辑多边形命令（见图3-26）。

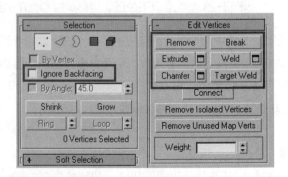

· 图3-26 | Edit Vertices面板中的常用命令

- Remove（移除）：当模型物体上有需要移除的顶点时，选中顶点后执行此命令即可。Remove（移除）不等于Delete（删除），当移除顶点后，该模型顶点周围的面还存在，而删除命令则是将选中的顶点连同顶点周围的面一起删除。

- Break（打散）：选中顶点并执行此命令后，该顶点会被打散为多个顶点。打散的顶点个数与打散前该顶点连接的边数有关。

- Extrude（挤压）：挤压是多边形编辑中常用的编辑命令，点层级的挤压就是将该顶点以凸出的方式挤出到模型以外。

- Weld（焊接）：这个命令与打散命令刚好相反，是将不同的顶点结合在一起。选中想要焊接的顶点，设定焊接的范围，然后使用焊接命令，不同的顶点就会被结合到一起。

- Target Weld（目标焊接）：此命令的操作方式是，首先选择此命令，当鼠标指针形状改变后，依次点选想要焊接的顶点，这样顶点就被焊接到一起。需要注意的是，焊接的顶点之间必须有边相连接。四边形对角线上的顶点是无法焊接到一起的。

- Chamfer（倒角）：对于顶点倒角来说，就是将该顶点沿着相应的实线边以分散的方式形成新的多边形面。挤压和倒角都是常用的多边形编辑命令，多个层级下都包含这两个命令，但每个层级的操作效果不同。图3-27能更加具象地表现点层级下的挤压、目标焊接和倒角的效果。

• 图3-27｜点层级下挤压、目标焊接和倒角的效果

- Connect（连接）：选中两个没有边连接的顶点，选择此命令后则会在两个顶点之间形成新的实线边。在挤压、目标焊接、倒角命令按钮的后面都有一个方块按钮，这表示该命令存在子级菜单，可以对相应的参数进行设置。选中需要操作的顶点后，单击此方块按钮，就可以通过参数设置的方式对相应的顶点进行设置。

2. Edge（边）层级

在Edit Edges（编辑边）面板中（见图3-28），常用的命令主要有以下几个。

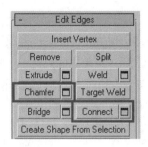

· 图3-28 | Edit Edges层级面板

- Remove（移除）：将选中的边从模型物体上移除。移除并不会将边周围的面删除。

- Extrude（挤压）：在边层级下，挤压命令的操作效果等同于点层级下的挤压命令效果。

- Chamfer（倒角）：对于边的倒角来说，就是将选中的边沿相应的线面扩散为多条平行边。线边的倒角就是我们通常说的多边形倒角，通过边的倒角可以让模型物体的面与面之间形成圆滑的转折关系。

- Connect（连接）：对于边的连接来说，就是在选中的边线之间形成多条平行的边线，边层级下的倒角和连接命令也是多边形模型物体常用的布线命令。图3-29更加具象地表现出边层级下的挤压、倒角和连接命令的具体操作效果。

- Insert Vertex（插入顶点）：在边层级下可以通过此命令在任意模型物体的实线边上插入一个顶点，这个命令与后面要讲的共用编辑菜单下的Cut（切割）命令一样，都是多边形模型物体加点添线的重要手段。

· 图3-29 | 边层级下的挤压、倒角和连接的效果

3. Border（边界）层级

　　Border主要是指可编辑的多边形模型物体中的那些没有完全处于多边形面之间的实线边。通常，Border层级菜单较少应用，菜单里面只有一个命令需要讲解，那就是Cap（封盖）命令。这个命令主要用于为模型中的Border区域添加多边形面并进行封闭，通常在执行此命令后，还要对新添加的模型面进行重新布线和编辑（见图3-30）。

4. Polygon（面）层级

　　Edit Polygon层级面板中的大多数命令都是多边形模型编辑中最常用的编辑命令（见图3-31）。

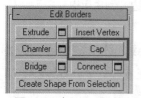

・图3-30｜Edit Borders面板中最常用的Cap命令　　・图3-31｜Edit Polygons层级面板中的命令

- Extrude（挤压）：面层级的挤压就是将面沿一定方向挤出。单击Extrude后面的方块按钮，通过弹出的菜单可以设定挤出的方向，分为3种类型：Group表示整体挤出；Local Normal表示沿自身法线方向整体挤出；By Polygon表示按照不同的多边形面分别挤出。这3种操作方法在3ds Max的很多操作中都能用到。

- Outline（轮廓）：是指将选中的多边形面沿着它所在的平面扩展或收缩。

- Bevel（倒角）：这个命令是多边形面的倒角命令，是将多边形面挤出再进行缩放。单击后面的方块按钮可以设置具体挤出的操作类型和缩放操作的参数。

- Inset（插入）：将选中的多边形面依据所在平面向内收缩，产生一个新的多边形面。单击后面的方块按钮可以设定插入操作的方式是整体插入还是分别按多边形面插入。通常，插入命令要配合挤压和倒角命令一起使用。图3-32更加直观地表示出面层级中的挤压、轮廓、倒角和插入命令的效果。

- Flip（翻转）：将选中的多边形面进行翻转法线的操作。在3ds Max中，法线是物体在视图窗口中可见性的指示。物体法线朝向我们，说明该物体在视图中可见，反之为不可见。

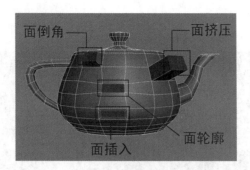

・图3-32 | 面层级下的挤压、轮廓、倒角和插入的效果

● Turn（反转）：这个命令不同于Flip命令。虽然在Modify模式中是以四边形的面为编辑基础的，每一个四边形的面仍然由两个三角形面组成，但划分三角形面的边是作为虚线边隐藏存在的，当我们调整顶点时，这条虚线边会作为隐藏的转折边。当选择Turn（反转）命令时，所有隐藏的虚线边都会显示出来，单击虚线边就会使之反转方向。对于有些模型物体特别是游戏场景中的低精度模型来说，Turn（反转）命令是常用的命令之一。

在面层级下还有一个十分重要的命令面板——Polygon Properties（多边形属性）面板，这也是面层级下独有的设置面板，主要用来设定每个多边形面的材质序号和光滑组序号（见图3-33）。其中，Set ID可用来设置当前选中的多边形面的材质序号；Select ID可通过选择材质序号来选择该序号材质所对应的多边形面；Smoothing Groups组中的数字方块按钮用来设定当前选中的多边形面的光滑组序号（模型光滑组的不同设置效果见图3-34）。

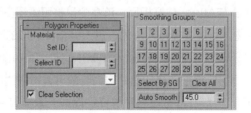

・图3-33 | Polygon Properties面板

5. Element（元素）层级

编辑多边形的第五个层级为Element（元素）层级，这个层级主要用来整体选取被编辑的多边形模型物体。此层级面板中的命令在游戏场景制作中较少用到，所以这里不做详细讲解。下面介绍一下所有层级面板共用的Edit Geometry（编辑几何体）面板（见图3-35）。这个面板看似复杂，但在游戏场景模型制作中要用的命令并不多。下面讲解该

面板中常用的命令。

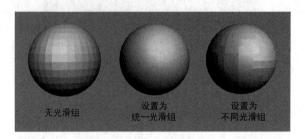

• 图3-34 | 模型光滑组的不同设置效果

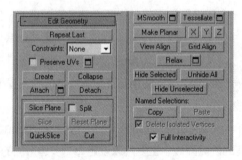

• 图3-35 | Edit Geometry面板

- Attach（结合）：将不同的多边形模型物体结合为一个可编辑多边形物体。具体操作为，先单击Attach按钮，然后选择想要被结合的模型物体，这样被选择的模型物体就被结合到之前的可编辑多边形模型。

- Detach（分离）：与Attach恰好相反，该命令是将可编辑多边形模型的面或者元素分离成独立模型物体。具体操作方法为，进入编辑多边形的面或者元素层级下，选择想要分离的面或元素，然后单击Detach按钮，弹出Detach对话框，勾选Detach to Element复选框可以将被选择的面分离为当前可编辑多边形模型物体的元素；勾选Detach as Clone复选框可以将被选择的面或元素克隆分离为独立的模型物体（被选择的面或元素保持不变）；如果都不勾选，则将被选择的面或元素直接分离为独立的模型物体（被选择的面或元素从原模型上删除）。

- Cut（切割）：是指在可编辑的多边形模型物体上直接切割以绘制新的实线边。这是模型重新布线编辑的重要操作手段。

- Make Planar及X/Y/Z：在可编辑多边形的点、线、面层级下选择这个命令，可以实现模型被选中的点、线或面在x、y、z这3个不同轴向上的对齐。

- Hide Selected（隐藏被选择）、Unhide All（显示所有）、Hide Unselected（隐藏被选择以外）：这3个命令同之前的视图窗口快捷菜单中的命令完全一样，只不过这里是用来隐藏或显示不同层级下的点、线、面的操作。对于包含众多点、线、面的复杂模型物体，往往需要运用隐藏或显示命令，使模型制作更加方便、快捷。

⦿ 3.4 │ 游戏模型贴图的基础知识

对于3D游戏美术师来说，仅利用3ds Max完成模型的制作是远远不够的，3D模型的制作只是开始，是之后工作流程的基础。如果把3D制作比喻为绘画，那么模型的制作只相当于绘画的初步线稿，后面还要为作品增加颜色。在3D设计及制作的过程中，上色就是UV、材质及贴图的工作。

在3D游戏场景制作中，贴图比模型显得更加重要。由于游戏引擎显示及硬件负载的限制，游戏场景模型对于模型面数的要求十分严格，模型在不能增加面数的前提下还要尽可能地展现物体的结构和细节，这就必须依靠贴图来表现。由于场景建筑模型不同于生物模型，因此不可能把所有的UV网格都平展到一张贴图上，那么如何用少量的贴图去完成大面积模型的整体贴图工作？这就需要3D美术师来把握和控制，这种能力也是3D美术师必须具备的。

▍3.4.1 游戏贴图的分类

这一小节我们来简单介绍一下3D游戏模型的贴图种类，这里所说的分类并不是按照贴图的绘画风格来区分的，而是根据3D制作软件中贴图的功能和用途进行分类的。一般来说，常用的游戏贴图包括固有色贴图、法线贴图、高光贴图、自发光贴图和Alpha贴图。

1. 固有色贴图

固有色贴图指的是游戏模型的基本纹理贴图，也就是没有添加任何效果的模型的表面颜色和纹理的贴图，这也是最为常用和基本的游戏贴图类型。固有色贴图是游戏模型制作中最需要花费时间去制作和刻画的，因为如果模型不添加法线、高光等贴图的话，固有色贴图就是模型的全部贴图内容。在早期的3D手机游戏中，所有的游戏场景几乎只使用固有色贴图这一种类型（见图3-36）。

2. 法线贴图

法线贴图是指可以应用到3D表面的特殊纹理贴图。不同于以往的只可以用于2D表面的纹理贴图，法线贴图作为凹凸纹理贴图的扩展，它包括了每个像素的高度值，内含许多细节的表面信息，能够在平淡无奇的物体上创建出多种特殊的立体外形。我们可以把法线贴图想象成与原表面垂直的点，所有的点组成另一个表面。若在特定位置上应用光源，可以生成精确的光照方向和反射。法线贴图的应用极大地提高了游戏画面的真实性与自然感（见图3-37）。

·图3-36｜只添加了固有色贴图的手机游戏场景

·图3-37｜利用法线贴图制作的游戏角色模型

对于3D游戏角色模型的制作，现在通用的方法是利用Zbrush软件雕刻模型细节，使之成为具有精致细节的3D模型（见图3-38），然后通过映射烘焙出法线贴图，并将其添加到低精度模型的法线贴图通道上，使之拥有法线贴图的渲染效果。这样大大降低了模型的面数，在保证视觉效果的同时尽可能地节省了资源。

对于游戏场景模型所用到的法线贴图，其制作要比角色模型的法线贴图容易得多。由于场景模型贴图的形态大多比较规则，且多以自然纹理为主，所以在制作时通常通过一些软件或者插件将普通纹理贴图转换为法线贴图。

由于法线贴图会极大地消耗资源，增加硬件设备的负担，所以在3D手机游戏中使用法线贴图的游戏还只是少数。但随着硬件技术的发展，我们有理由相信在不久的将来，手机游戏会跟计算机游戏一样，将法线贴图技术作为主流。

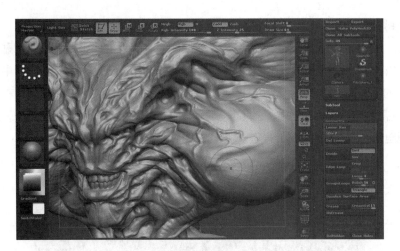

· 图3-38 | 利用Zbrush软件雕刻模型细节

3. 高光贴图

高光贴图是利用贴图的形式来实现游戏模型表面亮度反射的效果，它跟自发光贴图一样，都属于一种贴图特效。高光贴图一般是一张灰度图片，贴图中的白色区域代表反射高光的区域，黑色区域则代表不反射区域，中间的灰度范围可体现高光反射程度的强弱，越接近白色，反射效果越强（见图3-39）。

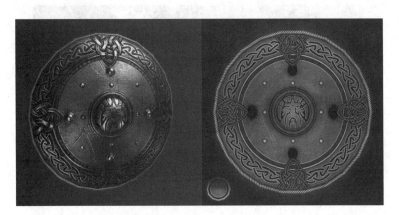

· 图3-39 | 添加高光贴图的游戏模型

4. 自发光贴图

自发光贴图与高光贴图类似，是用黑白贴图来决定游戏模型中自发光区域的。自发光并不会像某些光源那样明亮，但会在黑暗环境中一直显示发光效果。图3-40所示的钢铁侠模型的手掌、眼睛、胸部中心及底座表面，就是添加了自发光贴图的效果。

5. Alpha贴图

在游戏模型贴图中还有一种特殊的类型，那就是Alpha贴图，也称为不透明贴图。所谓Alpha贴图，就是带有不透明通道的贴图。如游戏中植物模型的叶片、建筑模型中的栏杆及生物模型的毛发等，都必须用透明贴图来实现。图3-41的左图为固有色贴图，右图就是它的Alpha贴图。在Alpha贴图中，白色部分为可见区域，黑色部分为不可见区域，游戏画面中会呈现出带有镂空效果的树叶模型。

· 图3-40｜自发光贴图效果

· 图3-41｜Alpha贴图效果

▌3.4.2 游戏贴图的尺寸与格式

在3D游戏制作中，贴图的尺寸通常为8像素×8像素、16像素×16像素、32像素×32像素、64像素×64像素、128像素×128像素、512像素×512像素、1024像素×1024像素等。一般来说，常用的贴图尺寸是512像素×512像素和1024像素×1024像素。在一些次时代游戏中，可能还会用到2048像素×2048像素的超大尺寸贴图。贴图尺寸的限定源于游戏引擎的限制，游戏贴图不能像动画制作中那样建立任意边长像素的图片。有时候为了压缩图片尺寸，减少硬件负荷，贴图尺寸不一定是等边的，竖长方形和横长方形也是可以的，如128像素×512像素、1024像素×512像素等。

　　3D手机游戏的制作其实可以概括为一个"收缩"的过程，硬件性能迫使我们在游戏制作中尽可能地节省资源。游戏模型不仅要制作成低精度模型，而且在最后导入游戏引擎前，还要进一步地删减模型面数。游戏贴图也是如此，作为游戏美术师，要尽一切可能让贴图尺寸降到最低，把贴图中的所有元素尽可能地堆积到一起，并且还要减少模型应用的贴图张数（见图3-42）。虽然现在的硬件技术飞速发展，对于资源的限制可能有所放宽，但节约资源是成熟游戏美术师的基本工作能力。

· 图3-42｜充分利用贴图面积

　　在讲完游戏贴图的尺寸限制后，再来看一下游戏贴图的格式。现在的手机游戏最常用的贴图格式是DDS，这种格式的贴图在游戏引擎中可以随着角色与其他模型物体间的距离改变自身尺寸。当场景中的模型距离玩家越近时，自身显示的贴图尺寸会越大，反之则越小。其原理是，这种贴图在绘制完成进行保存时，会自动存储为若干小尺寸的贴图（见图3-43）。

　　对于要导入游戏引擎的模型，其命名必须要用英文，不能出现中文字符。在实际游戏项目制作中，模型的名称要与对应的材质球和贴图的名称统一，以便查找和管理。模型的命名通常包括前缀、名称和后缀3部分，例如，建筑模型可以命名为JZ_Starfloor_01，模型不能重名。

· 图3-43 | DDS贴图的存储方式

与模型命名一样，材质和贴图的命名同样不能出现中文字符。模型、材质与贴图的名称要统一，不同的贴图不能出现重名现象，贴图的命名同样包含前缀、名称和后缀，如jz_Stone01_D。在实际游戏项目制作中，不同的后缀名代指不同的贴图类型，通常来说，_D表示Diffuse贴图，_B表示凹凸贴图，_N表示法线贴图，_S表示高光贴图，_AL表示带有Alpha通道的贴图。

通常，3D游戏场景模型常见的贴图形式有两种：拼接贴图和循环贴图。拼接贴图是指在模型制作完成后将模型的全部UV平展到一张或多张贴图上，拼接贴图多用来制作雕塑、场景道具及特殊的建筑元素等（见图3-44）。一般来说，对于手机游戏拼接贴图，用512像素×512像素的贴图就足够了，但对于体积庞大、细节过于复杂的模型，也可以将其拆分为不同部分，并将UV平展到多张贴图上。

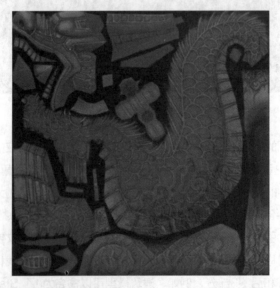

· 图3-44 | 雕塑拼接贴图

在游戏场景制作中，尤其是建筑模型中，更多的是利用循环贴图。循环贴图不需要将模型UV平展后再绘制，可以在模型制作时同步绘制，然后用模型中不同面的UV坐标去对应贴图中的元素。相对于拼接贴图，循环贴图更加不受限制，可以重复利用贴图中的元素，对于建筑墙体、地面等结构简单的模型具有更大优势。

如果场景建筑模型的规模较大，像图3-45中的拼接贴图那样，将场景建筑中的所有元素都拼到一张贴图上，最后实际游戏中的贴图会变得模糊不清，缺少细节，这时就需要用到循环贴图。所谓循环贴图，就是指在3ds Max的Edit UVWs编辑器中，贴图边界可以自由连接并且不产生接缝的贴图，通常分为二方连续贴图和四方连续贴图。二方连续贴图是指贴图在左、右或上、下单方向连接时不产生接缝，而四方连续贴图则是在上、下、左、右4个方向连接时都不产生接缝，让贴图形成可以无限连接的大贴图。

· 图3-45 | 场景建筑拼接贴图

图3-46所示就是四方连续贴图的效果，白线框中的是贴图本身，贴图的右边缘与自身左边缘、左边缘与自身右边缘、上边缘与自身下边缘、下边缘与自身上边缘都可以实现无缝连接，这样在模型贴图时就不用担心模型的UV细分问题，只需根据模型整体调整大小比例即可。

循环贴图的制作也比较简单，主要是考验Photoshop的修图能力。在实际的3D游戏场景制作中，循环贴图是最主要的贴图方式。只有利用循环贴图才能实现宏大场景中的精细贴图，也只有循环贴图才能用尽可能小的贴图尺寸得到更多的细节效果。循环贴图中结构元素的布局和划分，往往能看出制作者能力的高低，这也是3D游戏场景美术师必须要具备的能力。

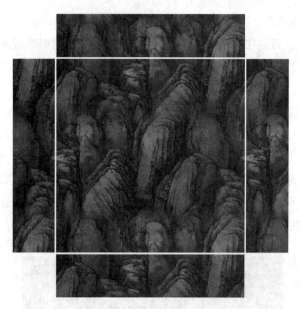

·图3-46│四方连续贴图的效果

3.5│3ds Max模型UVW贴图坐标技术

在3ds Max中，默认状态下的模型物体要正确显示贴图材质，必须先对其贴图坐标（UVW Coordinates）进行设置。所谓"贴图坐标"，就是模型物体确定自身贴图位置关系的一种参数，通过正确的设定让模型和贴图之间具有相应的关联，保证贴图材质正确地投射到模型物体表面。

模型在3ds Max中的三维坐标用X、Y、Z来表示，而贴图坐标则使用U、V、W与其对应。如果将位图的垂直方向设定为V，将水平方向设定为U，那么它的贴图像素坐标就可以用U和V来确定。在3ds Max的创建面板中建立基本几何体模型，在创建的时候，系统会为其自动生成相应的贴图坐标关系。例如，当我们创建一个BOX模型并为其添加一张位图的时候，它的6个面会自动显示出这张位图的相应区域。但对于一些模型，尤其是利用Edit Poly编辑制作的多边形模型，自身不具备正确的贴图坐标参数，这就需要我们为其设置和修改UVW贴图坐标。

关于模型贴图坐标的设置和修改，通常会用到两个关键的命令：UVW Map和Unwrap UVW。这两条命令都可以在堆栈命令下拉列表里找到。这个功能看似简单，却需要我们花费相当多的时间和精力，并且需要在平时的实际制作中不断总结经验和技巧。下面我们来具体学习一下UVW Map和Unwrap UVW这两个修改器的参数设置和操作方法。

3.5.1　UVW Map修改器

　　UVW Map修改器界面中的基本参数设置包括Mapping（投影方式）、Channel（通道）、Alignment（调整）和Display（显示）4部分，其中最为常用的是Mapping和Alignment。在堆栈窗口中添加UVW Map修改器后，可以单击前面的"+"按钮展开Gizmo分支，进入Gizmo层级后可以对其进行移动、旋转、缩放等调整，对Gizmo线框的编辑操作同样会影响模型贴图坐标的位置关系和贴图的投影方式。

1. Mapping

　　Mapping组中包含贴图对于模型物体的7种投影方式和相关参数设置（见图3-47）。这7种投影类型分别是Planar（平面）、Cylindrical（圆柱）、Spherical（球面）、Shrink Wrap（收缩包裹）、Box（立方体）、Face（面）及XYZ to UVW。下面的参数可调节Gizmo的尺寸和贴图的平铺次数，在实际制作中并不常用。这里需要掌握的是能够根据不同形态的模型物体选择出合适的贴图投影方式，以便之后进行贴图坐标的操作。下面具体讲解每种投影方式的原理和应用方法。

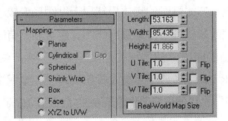

· 图3-47｜Mapping组中的7种投影方式

- Planar（平面）贴图：将贴图以平面的方式映射到模型物体表面，它的投影平面就是Gizmo平面，所以通过调整Gizmo平面就能确定贴图在模型上的坐标位置。平面映射适用于纵向位移较小的平面模型物体，在游戏场景制作中，这是最常用的贴图投射方式。一般是在可编辑多边形的面层级下选择想要贴图的表面，然后添加UVW Mapping修改器，选择平面投影方式，并在Unwrap UVW修改器中调整贴图位置。
- Cylindrical（圆柱）贴图：将贴图沿着圆柱体侧面映射到模型物体表面，贴图沿着圆柱的四周进行包裹，最终圆柱立面的左侧边界和右侧边界相交在一起。相交的这个贴图接缝也是可以控制的，进入Gizmo层级可以看到Gizmo线框上有一条绿线，这就是控制贴图接缝的标记，通过旋转Gizmo线框可以控制接缝在模型上的位置。Cylindrical后面有一个Cap选项，激活则圆柱的顶面和底面将分别使用Planar的投影方式。在游戏场景制作中，大多数建筑模型的柱子或者类似的柱形结构贴图的坐标方式都是用Cylindrical来实现的。

● Spherical（球面）贴图：将贴图沿球体内表面映射到模型物体表面，与柱形贴图类型相似，贴图的左端和右端同样在模型物体表面形成一个接缝，同时贴图上下边界分别在球体两极收缩成两个点，与地球仪类似。为角色脸部模型贴图时，通常使用球面贴图（Planar、Cylindrical和Spherical贴图方式见图3-48）。

· 图3-48│Planar、Cylindrical和Spherical贴图方式

● Shrink Wrap（收缩包裹）贴图：将贴图包裹在模型物体表面，并且将所有的角拉到一个点上，这是唯一一种不会产生贴图接缝的投影类型，也正因为这样，模型表面的大部分贴图会产生比较严重的拉伸和变形（见图3-49）。由于这种局限性，多数情况下，使用这种方式贴图的物体只能显示贴图形变较小的那部分，而"极点"那一端必须被隐藏起来。在游戏场景制作中，包裹贴图有时是相当有用的。例如，制作石头这类模型的时候，使用别的贴图投影类型会产生接缝或者一个以上的极点，而使用Shrink Wrap（收缩包裹）投影类型就完全解决了这个问题，即使存在一个相交的"极点"，只要把它隐藏在石头的底部就可以了。

· 图3-49│Shrink Wrap（收缩包裹）贴图方式

- Box（立方体）贴图：按6个垂直空间平面将贴图分别映射到模型物体表面。对于规则的几何模型物体，这种贴图投影类型会十分方便、快捷，如场景模型中的墙面、方形柱子或者类似的盒式结构模型。
- Face（面）贴图：为模型物体的所有几何面同时应用平面贴图。这种贴图投影方式与材质编辑器Shader Basic Parameters参数中的Face Map的作用相同（Box和Face贴图方式见图3-50）。
- XYZ to UVW这种贴图投影类型在游戏场景制作中较少使用，所以这里不做过多讲解。

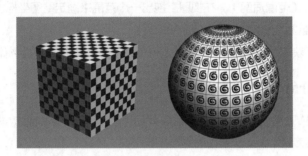

· 图3-50 | Box和Face贴图方式

2. Alignment

Alignment（调整）组中提供了8个工具，用来调整贴图在模型物体上的位置关系。在实际制作中正确、合理地使用这些工具，往往起到事半功倍的作用（见图3-51）。在该组中，顶部的X、Y、Z用于控制Gizmo的方向。这里的方向是指物体的自身坐标方向，也就是Local Coordinate System（自身坐标系统）模式下物体的坐标方向，通过X、Y、Z之间的切换能够快速改变贴图的投影方向。

· 图3-51 | Alignment（调整）组

- Fit（适配）：自动调整Gizmo的大小，使其尺寸与模型物体相匹配。
- Center（置中）：将Gizmo的位置对齐到模型物体的中心。这里的"中心"是指模型物体的几何中心，而不是它的Pivot（轴心）。

- Bitmap Fit（位图适配）：将Gizmo的长宽比例调整为指定位图的长宽比例。使用Planar投影类型的时候，经常碰到位图没有按照原始比例显示的情况，如果调节Gizmo的尺寸则比较麻烦，这时可以使用这个工具。只要选中已使用的位图，Gizmo就自动改变其长宽比例，与其匹配。

- Normal Align（法线对齐）：将Gizmo与指定面的法线垂直，也就是与指定面平行。

- View Align（视图对齐）：将Gizmo平面与当前的视图平行对齐。

- Region Fit（范围适配）：在视图上拖出一个范围来确定贴图坐标。

- Reset（复位）：恢复贴图坐标的初始设置。

- Acquire（获取）：将其他物体的贴图坐标设置引入到当前模型物体中。

3.5.2　Unwrap UVW修改器

　　在了解了UVW贴图坐标的相关知识后，我们可以用UVW Map修改器来为模型物体指定基本的贴图映射方式。但对于模型的贴图工作来说，还只是第一步。UVW Map修改器定义的贴图投影方式只能从整体上为模型赋予贴图坐标，对于更加精确的贴图坐标的修改却无能为力。要想解决这个问题，必须利用Unwrap UVW修改器。

　　Unwrap UVW修改器是3ds Max内置的一个功能强大的模型贴图坐标编辑系统。通过这个修改器可以更加精确地编辑多边形模型点、线、面的贴图坐标分布。尤其是对于生物体模型和场景雕塑模型等结构较为复杂的多边形模型，Unwrap UVW修改器必不可少。

　　在3ds Max的Modify面板的堆栈菜单列表中可以找到Unwrap UVW修改器，Unwrap UVW修改器的参数窗口主要包括Selection Parameters（选择参数）、Parameters（参数）和Map Parameters（贴图参数）3部分，Parameters面板下还有一个Edit UVWs编辑器。总的来看，Unwrap UVW修改器十分复杂，包含众多的参数，初学者上手操作有一定的困难。其实，对于3D游戏制作来说，只需要了解并掌握修改器中一些重要的参数即可，不需要做到全盘精通。

　　Parameters（参数）面板主要用来打开UV编辑器，同时还可以对已经设置完成的模型UV进行存储（见图3-52）。

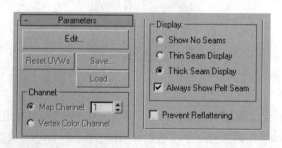

· 图3-52｜Parameters（参数）面板

- Edit（编辑）：用来打开Edit UVWs编辑窗口，其具体参数设置下面将会讲到。

- Reset UVWs（重置UVW）：放弃已经编辑好的UVW，使其回到初始状态，这就意味着之前的全部操作将丢失，所以一般不使用这个功能。

- Save（保存）：将当前编辑的UVW保存为".uvw"格式的文件。对于复制的模型物体，可以通过载入文件来直接完成UVW的编辑。其实在游戏场景的制作中，我们通常会选择另外一种方式来操作，单击模型堆栈窗口中的Unwrap UVW修改器，然后单击并拖曳修改器到视图窗口中复制出的模型物体上，释放鼠标即可完成操作，这种拖曳修改器的操作方式在其他操作中也会用到。

- Load（载入）：载入".uvw"格式的文件，如果两个模型物体不同，则此命令无效。

- Channel（通道）组：包括Map Channel（贴图通道）与Vertex Color Channel（顶点色通道）两个选项，在游戏场景制作中并不常用。

- Display（显示）组：使用Unwrap UVW修改器后，模型物体的贴图坐标表面会出现一条绿色的线，这就是展开贴图坐标的缝合线。这里的选项可用来设置缝合线的显示方式，包括不显示缝合线、显示较细的缝合线、显示较粗的缝合线、始终显示缝合线。

Map Parameters（贴图参数）面板看似十分复杂，但常用的命令并不多（见图3-53）。面板上半部分包括5种贴图映射方式和7种贴图坐标对齐方式，由于这些操作在UVW Map修改器中大都可以完成，所以这里较少介绍。

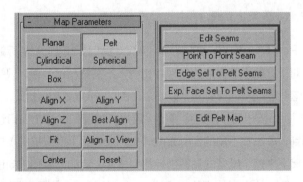

· 图3-53 | Map Parameters（贴图参数）

这里需要着重讲的是Pelt（剥皮）工具，这个工具常用在游戏场景雕塑模型和生物模型的制作中。Pelt是把模型物体的表面剥开，并将其贴图坐标平展的一种贴图映射方式。UVW Map修改器中没有pelt，这种方式比其他的贴图映射方式复杂。下面具体讲解操作流程。

总体来说，Pelt平展贴图坐标的流程分为三大步：重新定义及编辑缝合线；选择想要编辑的模型物体或者模型面，单击Pelt按钮，选择合适的平展对齐方式；单击Edit Pelt Map

按钮，对选择对象进行平展操作。

图3-54中的模型为一个场景石柱模型，模型上的绿线为原始的缝合线，进入Unwrap UVW修改器的Edge层级后，单击Map Parameters面板中的Edit Seams按钮就可以重新定义模型的缝合线。在Edit Seams按钮激活状态下，单击模型物体上的边线就会使之变为蓝色，蓝色的线就是新的缝合线路经，按住【Ctrl】键单击边线就会取消蓝色缝合线。我们在定义及编辑新的缝合线的时候，通常会在Parameters参数设置中选择隐藏绿色缝合线。

接着进入Unwrap UVW修改器的Face层级，选择想要平展的模型物体或者模型面，然后单击Pelt按钮，会出现类似于UVW Map修改器中的Gizmo平面，这时选择Map Parameters面板中合适的展开对齐方式，见图3-54右图。

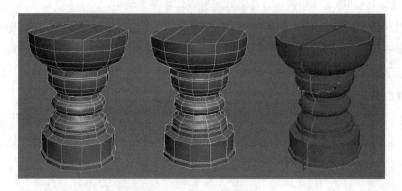

· 图3-54 | 重新定义缝合线并选择展开平面

然后单击Edit Pelt Map按钮，弹出Edit UVWs窗口，模型UV坐标的每一个点上都会引伸出一条虚线。对于这里密密麻麻的各种点和线，不需要精确调整，只需要遵循一条原则即可：尽可能地让这些虚线不相互交叉，以使之后的UV平展更加便捷。

单击Edit Pelt Map按钮后，同时会弹出平展操作的窗口，这个窗口包含许多工具和命令，但一般很少用到，单击右下角的Simulate Pelt Pulling（模拟拉皮）按钮就可以继续下一步的平展操作。接下来整个模型的贴图坐标将会按照一定的力度和方向进行平展，模型的每一个UV顶点将沿着引伸出来的虚线方向进行均匀的拉伸，形成贴图坐标分布网格（见图3-55）。

最后我们需要对UV网格进行顶点调整和编辑，编辑原则是让网格尽量均匀地分布，只有这样，当贴图添加到模型物体表面时，才不会出现较大的拉伸和撕裂现象。我们可以单击UV编辑器视图窗口上方的棋盘格显示按钮来查看模型UV的分布状况，当黑白色方格在模型表面均匀分布，并没有较大变形和拉伸时，就说明模型的UV是均匀分布的（见图3-56）。

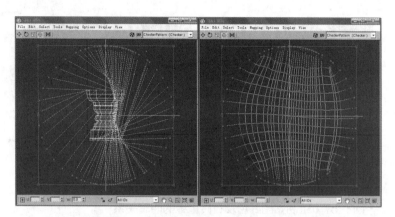

· 图3-55｜利用Pelt命令平展模型UV

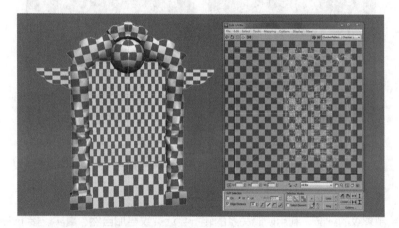

· 图3-56｜利用黑白棋盘格查看UV分布

3.6 ｜ 游戏模型贴图实例制作

下面我们通过一张石砖贴图的制作来介绍游戏模型贴图的基本绘制流程和方法。首先，在Photoshop中创建新的图层，根据模型UV网格绘制出石砖的基本底色，留出石砖之间的黑色缝隙。接下来绘制每一块石砖边缘的明暗关系，相对于石砖本身，边缘转折处应该有明暗变化（见图3-57）。

现在的石砖边缘稍显生硬，需要绘制石砖边缘向内的过渡，让石砖边缘显示凹凸的自然石质倒角效果。然后在每一块石砖内部绘制裂纹，制作出天然的沧桑和旧化效果（见图3-58）。

· 图3-57 | 绘制贴图底色及石砖边缘的明暗关系

· 图3-58 | 绘制倒角和裂纹

继续绘制裂纹的细节，利用明暗关系的转折会让裂纹更加自然、真实。接下来选用一些肌理丰富的照片材质进行底纹叠加，可以叠加多张不同的材质，图层的叠加方式可以选择Overlay、Multiply或者Softlight，强度可以通过图层透明度来控制。叠加纹理增强了贴图的真实感，这样制作出来的贴图就是偏写实风格的贴图（见图3-59）。

· 图3-59 | 绘制裂纹细节及叠加贴图

以上所有步骤都是利用黑白灰色调对贴图进行绘制的，最后给贴图整体叠加一个主色调，并对石砖边缘的色彩进行微调，使之具有色彩变化，更加自然（见图3-60）。

• 图3-60｜添加色彩并对微调石砖边缘的色彩

制作完成的贴图要通过材质编辑器添加到材质球上，然后才能赋予模型。在3ds Max的工具按钮栏中单击材质编辑器按钮或者按【M】键，可以打开Material Editor材质编辑器。普通的模型贴图只需要在Maps（贴图）通道的Diffuse Color（固有色）通道中添加一张位图（Bitmap）即可。如果游戏引擎支持高光和法线贴图（Normal Map），那么可以在Specular Level（高光级别）和Bump（凹凸）通道中添加高光和法线贴图（见图3-61）。

• 图3-61｜常用的材质球Maps（贴图）通道

如果计算机是首次装入3ds Max软件，打开模型文件会发现原本清晰的贴图变得非常模糊，出现这种情况并不是贴图的问题，也不是场景文件的问题，而是需要对3ds Max的驱动显示进行设置。在3ds Max菜单栏的Customize（自定义）菜单下选择Preferences命令，在弹出的窗口中选择Viewports（视图）设置，然后通过面板下方的Display Drivers（显示驱动）选项进行设定。Choose Driver可选择显示驱动模式，这里要根据计算机自身显卡的配置来选择。Configure Driver可对显示模式进行详细设置，单击后会弹出面板窗口（见图3-62）。

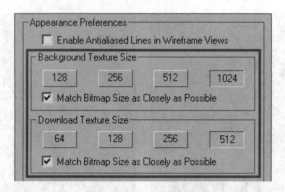

· 图3-62 | 对软件显示模式进行设置

将Background Texture Size（背景贴图尺寸）和Download Texture Size（下载贴图尺寸）分别设置为最大的1024和512，并分别勾选Match Bitmap Size as Closely as Possible（尽可能接近匹配贴图尺寸）复选框，然后保存文件并关闭3ds Max。当再次启动3ds Max的时候，贴图就可以清晰地显示了。

第 4 章

手机游戏3D场景美术设计

在本章中，我们主要讲解手机游戏3D场景的设计与制作。其实对于3D游戏来说，手机游戏与其他平台的游戏制作流程并没有太大的区别，所用的软件也基本相同，主要区别在于美术风格和模型的优化。手机游戏通常以Q版为主，贴图主要为手绘的方式，模型相对简单，需要尽可能地优化多边形的面数。下面将结合实例对3D场景美术设计进行讲解。

4.1 | 手机游戏3D场景的分类

手机游戏的3D场景是指游戏中除角色以外的所有元素的集合，包括游戏地图、游戏场景建筑、天空和地表、山石水木等自然元素、游戏室内场景等。在3D手机游戏中，游戏场景为游戏画面的实现提供了基础，也是游戏角色活动的平台。下面我们简单介绍一下3D手机游戏场景的基本分类。

4.1.1 建筑类场景

这里所说的建筑类场景是指以建筑模型为主体的场景类型，如游戏地图中的城市、村落、堡垒、遗迹等。建筑类场景是3D手机游戏场景中最基本和最主要的场景形式（见图4-1）。建筑模型是3D游戏制作的主要内容之一，它是游戏场景主体构成中十分重要的一环，无论是网络游戏还是手机游戏，场景建筑模型都是必不可少的。3D建筑模型的熟练制作也是场景美术设计师必须掌握的基本能力。

· 图4-1 | 3D手机游戏中的建筑类场景

在3D游戏制作公司中，3D游戏场景设计师的大量时间都是在设计和制作场景建筑，从项目开始就要忙于制作场景所必需的各种单体建筑模型，随着项目的深入，逐渐扩展到复合建筑模型，后期是主城、地下城等整体建筑群的制作，所以建筑模型制作能力及建筑学知识是游戏制作公司对场景美术师的基本考核。新设计师进入游戏公司后，最先接触的就是场景建筑模型，因为建筑模型大多方正有序，结构明显，只需掌握3ds Max最基础的建模功能就可以进行制作，所以这也是场景制作中最易上手的部分。

　　游戏场景建筑模型主要分为单体建筑模型和复合式建筑模型。单体建筑模型是指3D游戏中用于构成复合场景的独立建筑模型，它与场景道具模型一样，也是构成游戏场景的基础模型单位。单体建筑模型除了具备独立性以外，还具有兼容性。这里的兼容性是指，不同的单体建筑模型之间可以通过衔接结构相互连接，进而组成复合式的建筑模型。图4-2所示为单体建筑模型和复合式建筑模型。

·图4-2｜单体建筑模型和复合式建筑模型

4.1.2　野外场景

　　在3D游戏制作领域中，我们所说的野外场景是一个很笼统的概念，它是指3D游戏场景地图中所有美术元素的集合。之所以要将其称为野外场景，主要是为了与封闭式场景区别。封闭式场景是指3D游戏中利用3D软件独立制作的地图场景，如主城场景、洞穴场景、地下城场景等。而对于野外场景来说，不仅要利用3D软件，而且还要借助游戏引擎和编辑器才能完成。所以从这个角度来说，野外场景和封闭式场景最主要的区别就是实际制作方式的不同。3D游戏野外场景包含的内容十分广泛，大到整个场景地图的地形、山脉，小到地图场景中的花花草草、山石树木、路边点缀的场景道具等，都可以作为野外场景中的美术元素（见图4-3）。

　　现在最为流行的3D MMO手机游戏中的野外场景是游戏玩家活动的重要场景。玩家操纵游戏角色执行任务、打怪和升级，都是在野外场景中进行的，这里的野外场景相当于2D手机游戏中的游戏地图场景。

　　3D游戏野外场景和建筑场景在实际内容及制作流程上都有很大的区别，下面我们就从内容和制作两个方面来具体了解野外场景与建筑场景的区别。

·图4-3｜3D游戏中的野外场景

首先，从内容上来说，野外场景在实际游戏中就是场景地图，它是一切场景美术元素的承载者，所以在制作规模上野外场景要比建筑场景大得多。游戏野外场景的地图尺寸往往要根据游戏内容和升级路线来确定。建筑场景则更侧重于局部细节的构建和处理，即使在方寸之地也要显露宏伟的气势，大气之处又不失玲珑细节。

野外场景包含更多的自然元素，如地形山脉、花草树木、山石水系，甚至游戏中的日光、天气效果、环境粒子效果等。3D游戏野外场景的风格化更强，如连绵起伏的群山、风沙弥漫的沙漠、琼堆玉积的雪山，这都需要更多的技术手段来完善其整体效果。建筑场景基本都是利用3D软件完成的，后期主要利用贴图增强局部的细节和效果（见图4-4）。

·图4-4｜野外场景的自然效果

从制作上来说，3D游戏野外场景的制作更加复杂，工作量更大，需要引擎编辑器和3D模型共同配合完成。从整体来说，野外场景的制作需要有更强的全局观念，必须时刻遵循由大及小、先整后零的原则，即使在制作局部细节时，也不能忽视对场景整体的把握。3D游戏野外场景的制作更注重对自然生态的把握，对于地形山脉、花草树木、山石水系，都要捕捉其自然原始的姿态，同时还要善于把握光线、天气这些要素。这些都需要各种技术手段来完善其效果，需要多个制作部门之间协调配合。模型制作、动画特效制作、角色制作都要加入到野外场景地图的整体设计制作中。

4.1.3　室内场景

对于3D游戏项目中的场景制作，除了场景元素模型和建筑模型外，还有另外一个大的分类项目，那就是游戏室内场景的制作。在3D游戏尤其是网络游戏当中，对于一般的场景建筑，仅仅利用其外观营造场景氛围，通常不会制作出建筑模型的室内部分。但对于一些场景中的重要建筑和特殊建筑，有时需要为其制作内部结构，这就是我们所说的室内场景部分。

游戏室内场景的另一大应用就是游戏地下城和副本。所谓的游戏副本，就是指游戏服务器为玩家开设的独立游戏场景，只有副本创建者和被邀请的游戏玩家才允许出现在这个独立的游戏场景中。副本中的所有怪物、BOSS、道具等游戏内容不与副本以外的玩家共享。2004年，美国暴雪娱乐公司出品的大型MMO网游"魔兽世界"正式确立了游戏副本的定义，同时也为日后的MMO网游副本化游戏模式树立了标杆（见图4-5）。游戏副本的出现解决了大型多人在线游戏中游戏资源分配紧张的问题，所有玩家都可以通过创建游戏副本平等地享受游戏内容，从根本上解除了游戏对玩家人数的限制。在手机MMO网络游戏中，游戏副本仍然是一种主流的设计和构架方式。

· 图4-5 | 游戏副本中的战斗场景

对于地下城和游戏副本场景来说，由于其具有的独立性决定了在设计和制作的时候必定有别于一般的游戏场景。游戏地下城或副本场景通常被设定为室内场景，偶尔也会被设定为全封闭的露天场景。所以地下城和游戏副本场景根本就没有外观建筑模型的概念，玩家的整个体验过程都是在封闭的室内场景中完成的，这种全室内场景模型的制作方法与室外建筑模型有很大不同。

首先，从制作的对象和内容上来说，室外建筑模型主要是制作整体的建筑外观，强调建筑模型的整体性，在模型结构上也偏向于以"大结构"为主的外观效果。而室内场景主要是制作和营造建筑的室内模型效果，它更加强调模型的结构性和真实性，不仅要求模型结构制作得更加精细，同时对于模型的比例也有更高的要求。

其次，从两者与玩家的交互关系来说，室外建筑模型对于游戏中的玩家来说都显得十分高大，多用于中景和远景，即便玩家站在建筑下面也只能看到建筑的下层部分，建筑的上层部分也作为中景或远景来处理。正是由于这些原因，建筑模型在制作的时候无论是模型面数和精细程度都要求以精简为主，以大效果取胜。而对于室内场景来说，在实际游戏环境中，玩家始终与场景模型保持十分近的距离，场景中所有的模型结构都在玩家的视野内，这要求场景中的模型比例必须要与玩家角色相匹配，同时在贴图的制作上要求更加精细、复杂与真实（见图4-6）。

· 图4-6 | 3D MMO手机游戏中的室内场景

在游戏制作公司中，场景原画设计师对于室外场景和室内场景的设定有较大的区别。室外建筑模型的原画设定往往是一张建筑效果图，清晰和流畅的笔触展现出建筑的整体外观和结构效果。而室内场景的原画设定，除了主房间外，通常不会有很具体的整体效果设定，原画师更多地会提供给3D美术师室内结构的平面图，还有室内装饰风格的美术概念设定图，除此之外并没有太多的原画参考。这就要求3D场景美术师根据自身对于建筑结构的理解进行自由发挥和创造，在保持基本美术风格的前提下，利用建筑学知识对整体模型进行创作，同时参考相关的建筑图片来进一步完善自己的模型作品。

4.1.4　Q版场景

"Q版"是从英文Cute一词演化而来的，意思为可爱、招人喜欢、萌，西方国家也经常用Q来形容可爱的事物。我们现在常见的Q版就是在这种思想下被创造出来的一种设计理念，Q版化的物体一定要符合可爱和萌的定义，这种设计思维在动漫和游戏领域尤为常见。

网络游戏场景从画面风格上可以分为写实和卡通。写实风格主要指游戏中的场景、建筑和角色的设计及制作应符合现实中人们的常规审美，而卡通风格就是我们所说的Q版风格。Q版风格通常是将游戏中的建筑、角色和道具的比例进行卡通艺术化的夸张处理。例如，Q版的角色都是4头身、3头身甚至2头身的比例，Q版建筑通常为倒三角形或者倒梯形的设计（见图4-7）。

・图4-7｜Q版手机游戏场景

如今，大量的手机游戏被设计为Q版风格，其可爱的特点能够迅速吸引众多玩家。由于Q版游戏中的角色形象可爱，整体画面风格亮丽多彩，因此在市场中拥有广泛的用户群体，尤其深受女性用户喜爱，成为手机游戏中不可或缺的重要类型。

4.2｜手机游戏3D场景模型元素

在上一节的内容中我们主要介绍了3D手机游戏场景的类型，其实具体到3D场景模型制作，游戏场景中的模型又可以归纳为自然元素模型、人文建筑模型及场景装饰模型。下面分别具体介绍。

4.2.1　自然元素模型

自然生态场景是3D手机游戏中的重要构成部分，游戏中的野外场景在大多数情况下是在营造自然的环境氛围，除去天空、远山这些在游戏中距离玩家较远的自然元素外，地表生态环境中最主要的表现元素就是植物。植物模型可以解决野外场景过于空旷，缺少主体表现元素的问题，同时野外地图场景中的植物模型还能够起到修饰场景色彩的作用。

在早期的3D手机游戏中，游戏场景基本设定在室内，很少有野外场景的出现。即使是野外场景，也很难见到植物模型，只有在远景中才会出现植物的影子。随着硬件和制作技术的发展，越来越多的3D手机游戏开始应用野外场景，同时也会看到越来越多的三维植物模型。

在如今的三维游戏研发领域中，植物模型的制作仍然是三维场景美术师需要不断研究的课题。业内有一句行话："盖得好十座楼，不如插好一棵树"，由此便能看出植物模型对于三维制作人员技术和能力的要求。在许多大型游戏制作公司的应聘考试中，制作植物模型成为经常涉及的考题，往往通过简单的"一棵树"就能够清楚地看出应聘者能力水平的高低（见图4-8）。

·图4-8｜游戏场景中利用Alpha贴图技术制作的植物模型

要想将三维场景植物模型制作得生动自然，我们必须要抓住植物模型的特点。对于场景植物模型来说，其特点应主要从结构和形态两方面来看。所谓"结构"，主要指自然植物的共性结构特征，而形态就是指不同植物在不同环境下所表现出的独特生长姿态。只要抓住植物这两方面的特点，我们就能将自然界千姿万态的花草树木植入到虚拟世界中。

我们以自然界中的树木为例来看植物的结构特征，从图4-9所示的左图中我们可以看出，树木作为自然界中的木本植物主要由两大部分构成：树干和树叶。而树干又可以细分为主干、枝干和根系。以树木所在的地平面为基点，向下延伸出植物的根系，向上延伸出植物的主干，随着主干的延伸逐渐细分出主枝干，主枝干继续延伸并细分出更细的枝干，在这些枝干末端延伸出树叶，这就是自然界中树木的基本结构特征。

图4-9所示的右图是一棵树木的高精度模型，从主干到枝干，包括每一片树叶都是多边形模型实体。显然这样的模型根本无法应用于游戏场景中，即使除去叶片，只制作主干和枝干，也是无法完成的，何况游戏野外场景中要用到大量的植物模型，所以利用多边形建模的方式来制作植物模型是不现实的。现在，游戏场景中植物模型的主流制作方法是利用Alpha贴图来制作植物的枝干和叶片，在专业领域中称为"插片法"。

· 图4-9 | 自然界中的树木与高精度树木模型

除了植物的结构特征外，我们还必须要掌握植物的形态特征。植物形态就是指不同的植物在不同环境下所表现出的独特生长姿态，以绿叶植物为例，温带地区和热带地区的植物在形态上有很大的区别。在热带地区，离水域近的植物与沙漠中的植物的形态更是各异。对于热带和寒带地区，植物的形态差异会更大。以上所说的都属于区域植物间的形态差异，而对于同一地区，相邻的两棵植物也具有各自的形态。作为3D游戏场景美术师，我们必须要掌握植物的形态特征，这样才能让虚拟的植物模型散发出自然的生机。

除了植物模型外，在3D手机游戏场景中出现较多的自然元素模型还包括山石模型。游戏场景中的山石实际上包含两个概念——山和石，山是指游戏场景中的山体模型，石是指游戏场景中独立存在的岩石模型。游戏场景中的山石模型在整个3D网络游戏场景的设计和制作范畴中是极为重要的一个门类和课题，尤其是在游戏野外场景的制作中，山石模型更是发挥着重要的作用，它与3D植物模型一样都属于野外场景的常见模型元素。

图4-10中，远处的高山就是山体模型，而近景处则是我们所指的岩石模型。山体模型在大多数游戏场景中分为两类。一类作为场景中的远景模型，与引擎编辑器中的地表配合使用，作为整个场景的地形山脉而存在。这类山体模型通常不会与玩家发生互动关系，简单地说就是玩家不可攀登。另一类则恰恰相反，需要建立与玩家间的互动关系，此时的山体模型在某种意义上也充当了地表的作用。这两类山体模型并不是对立存在的，往往需要配合使用，才能让游戏场景达到更加完整的效果。

·图4-10│游戏场景中的山体模型和岩石模型

　　游戏场景中的岩石模型也可以分为两类：一类是自然场景中的天然岩石模型；另一类是经过人工处理的岩石模型，如石雕、石刻、雕塑等。前者主要用于游戏野外场景中，后者多用于建筑场景中。山石模型在游戏场景中相对于建筑模型和植物模型来说可能并不起眼，甚至只会存在于角落，但对于游戏场景整体氛围的烘托功不可没，尤其是在游戏野外场景中，一块岩石的制作水平，甚至摆放位置都能直接影响场景真实性。下面我们对游戏场景中常用的山石模型并结合图片进行分类介绍。

　　（1）用于构建场景地形的远景山体模型（见图4-11）。

·图4-11│远景山体模型

　　（2）作为另类地表的交互山体模型（见图4-12）。

　　（3）野外场景中散布在地表地图中的单体或成组岩石模型（见图4-13）。

　　（4）用于城市或园林建筑群中的假山观赏岩石模型（见图4-14）。

·图4-12 | 交互山体模型

·图4-13 | 单体或成组岩石模型

·图4-14 | 假山观赏岩石模型

（5）带有特殊雕刻的场景装饰岩石模型（见图4-15）。

· 图4-15 | 场景装饰岩石模型

（6）岩石模型还有一个特殊应用，就是被用来制作洞穴、地窟等场景。这些场景的整体都要用岩石模型来制作，很多游戏的地下城与副本都是通过这种形式来表现的（见图4-16）。

· 图4-16 | 利用岩石模型制作的洞穴场景

4.2.2 人文建筑模型

人文建筑模型是3D手机游戏场景制作的主要内容之一，它是游戏场景主体构成中十分重要的一环。无论是什么类型的3D手机游戏，场景建筑模型都是其中必不可少的，所以对于3D建筑模型的熟练制作也是场景美术设计师必须具有的基本能力。

游戏场景中的人文建筑模型有不同的风格，这主要是根据游戏的整体美术风格而言的，首先要确立基本的建筑风格，然后抓住其风格特点，这样制作出的模型才能生动贴切，符合游戏所需。

现在，市面上不同类型的游戏，从游戏题材上可以分为历史、现代和幻想。如果按照游戏的美术风格来分，又可以分为写实和卡通。写实风格的场景建筑是按照真实生活中人与物的比例来制作的，而卡通风格就是我们通常所说的Q版风格。另外，如果按照游戏的地域风格来分，又可以分为东方和西方。东方风格的游戏主要指中国古代风格的游戏，国内的大多数MMORPG手机游戏都属于这个风格，西方风格游戏主要就是指欧美风格的游戏。综合以上各种不同的游戏分类，我们可以把游戏场景建筑风格分为以下几种类型，下面通过图片来进一步认识。

（1）中国古典建筑风格（见图4-17）。

· 图4-17｜中国古典建筑风格

（2）西方古典建筑风格（见图4-18）。

· 图4-18｜西方古典建筑风格

（3）Q版中式建筑风格（见图4-19）。

（4）Q版西式建筑风格（见图4-20）。

（5）幻想风格（见图4-21）。

·图4-19│Q版中式建筑风格

·图4-20│Q版西式建筑风格

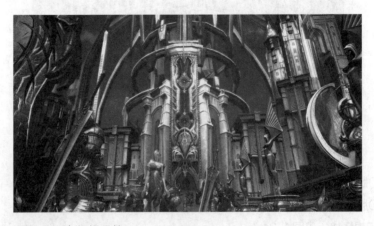

·图4-21│幻想风格

（6）现代写实建筑风格（见图4-22）。

· 图4-22 | 现代写实建筑风格

4.2.3　场景装饰模型

　　场景装饰模型也可以称为场景道具模型，是指在3D游戏场景中用于辅助装饰场景的独立模型物件。场景装饰模型是构成游戏场景最基本的美术元素之一，如室内场景中的桌、椅、板凳，大型城市场景中的雕塑、道边护栏、照明灯具等，这些都属于游戏场景装饰模型的范畴。场景装饰模型的特点是，小巧精致带有设计感，并且可以不断复制利用。

　　场景装饰模型在3D手机游戏场景中虽然不能作为场景主体模型，但却发挥着不可或缺的作用。比如，当我们制作一个酒馆或驿站的场景时，就必须为其搭配相关的桌、椅、板凳等场景道具；再如，当我们制作一个城市场景时，花坛、路灯、雕塑、护栏等也是必不可少的。在场景中制作适当的场景装饰模型，不仅可以增加场景整体的精细程度，而且还可以让场景变得更加真实自然，符合历史和人文的特征（见图4-23）。

· 图4-23 | 细节丰富的游戏场景装饰模型

由于场景装饰模型通常要重复使用，为了降低硬件负担及增加游戏整体的流畅度，必须要在保证结构的基础上尽可能降低模型面数，其结构细节应主要通过贴图来表现，这样才能保证模型在游戏场景中被充分利用。

4.3 │ 手机游戏3D场景的美术设计与制作流程

▌4.3.1 确定场景规模

在游戏企划部门给出基本的策划方案和文字设定后，第一步要做的并不是根据策划方案来进行场景美术的设定，在此之前，首要的任务是确定场景的大小。这里所说的大小主要指场景地图的规模及尺寸。所谓"地图"，就是不同场景之间的地域区划。如果把游戏中所有的场景看作一个世界，那么这个世界中必然包含不同的区域，我们将其中的每块区域称作游戏世界的一块"地图"，地图与地图之间通过程序相连接，玩家可以在地图之间自由行动、切换（见图4-24）。

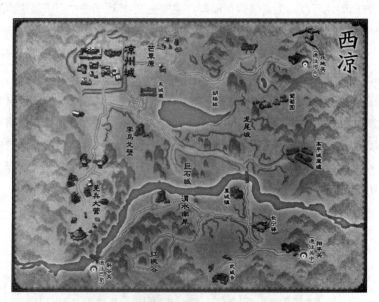

· 图4-24 │ 手机游戏中的游戏地图

通过游戏企划部门提供的场景文字设定资料，我们可以得知场景中所包含的内容及玩家在这个场景中的活动范围，这样就可以基本确定场景的大小。不同类型的游戏中，场景地图的制作方法也有所不同。在像素或2D类型的游戏中，游戏场景地图是由一定数量的图块（Tile）拼接而成的，其原理类似于铺地板，每一块Tile中包含不同的像素图形，不同Tile的自由组合拼接就构成了画面中的各种美术元素。通常来说，平视或俯视2D游戏中的Tile是矩形的，斜视角2D游戏中的Tile是菱形的，但最终计算机程序都会按照矩形来处理运算，这也是二维地图编辑器的制作原理（见图4-25）。

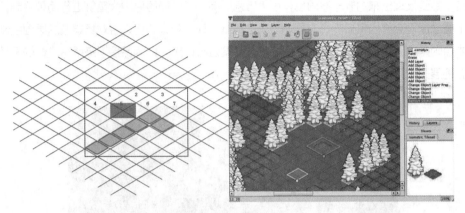

· 图4-25｜2D游戏地图的制作原理

在3D游戏中，场景地图是通过引擎地图编辑器制作生成的。在引擎地图编辑器中可以设定地图区块的大小，通过地形编辑功能制作出地图中的地表形态，然后导入之前制作完成的3D模型元素，通过排布、编辑、整合，最终完成整个场景地图的制作（见图4-26）。

· 图4-26｜利用引擎地图编辑器编辑场景

▌4.3.2 场景原画设定

当游戏场景地图的大小确定下来之后，接下来需要游戏美术原画设计师根据策划文案的描述进行场景原画的设定和绘制。场景原画设定是指对游戏场景整体美术风格的设定和对游戏场景中所有美术元素的设计绘图。从类型上来分，游戏场景原画又分为概念类原画和制作类原画。

　　游戏概念原画设计是游戏场景原画师对游戏场景的初步设计，是将游戏策划文案中对于场景的文字描述进行印象化绘制的过程。不同的游戏场景原画师根据自身的绘制技法和绘画风格，最终展现出来的概念原画也有很大区别。有的概念原画只用大笔触进行简单绘制，而有的概念原画会将场景细节一一展现。无论最终展现的效果如何，游戏场景概念原画绘制的基本原则是将游戏场景的氛围、风格和整体基调进行确定，以确保接下来所有具体的设计工作正确展开（见图4-27）。

・图4-27｜游戏场景概念原画

　　在概念原画确定之后，游戏场景基本的美术风格就确立下来了，之后就需要开始场景制作类原画的设计和绘制了。场景制作类原画是对游戏场景中具体美术元素的细节进行设计和绘制的原画类型。这也是通常意义上我们所说的游戏场景原画，其中包括游戏场景建筑原画（见图4-28）和场景道具原画。制作类原画与场景概念原画不同，制作类原画要用尽量详尽和复杂的轮廓线来表现游戏场景中建筑或者道具的结构细节，细节绘制的精细程度直接决定了后期模型制作的细节表现。

・图4-28｜游戏场景建筑原画

▌4.3.3　制作场景元素

在场景地图确定之后，就要开始制作场景地图中所需的美术元素，包括场景道具、场景建筑、场景装饰、山石水系、花草树木等。这些美术元素是构成游戏场景的基础元素，其制作质量直接关系到整个游戏场景的优劣，所以在美术部门中，这一部分的工作量最大。

像素游戏中的美术元素都是通过Tile拼接组合而成的，而在现在的高精细度的2D或2.5D游戏中，美术元素大多是通过3D建模，然后渲染输出成2D图片，再通过2D软件编辑完成的。3D游戏中的美术元素基本都是由3ds Max制作出的3D模型（见图4-29）。

· 图4-29 | 3D场景建筑模型

▌4.3.4　场景的构建与整合

场景地图有了，所需的美术元素也有了，剩下的工作就是要把美术元素导入到场景地图中，通过拼接整合，最终得到完整的游戏场景。这一部分工作要根据企划的文字设定资料来进行，在大地图中根据资料设定的地点、场景依次制作，包括山体、地形、村落、城市、道路，以及其他特定区域的制作。2D游戏中的这部分工作是靠2D地图编辑器制作完成的，而3D游戏中则是靠游戏引擎编辑器制作完成的。

▌4.3.5　场景的优化与渲染

以上工作完成以后，整个场景就基本制作完成了，最后要对场景进行整体的优化和完善，为场景进一步添加装饰道具，精减多余的美术元素。除此以外，还要为场景添加各种粒子特效和动画等（见图4-30）。

· 图4-30 | 游戏场景特效

🎯 4.4 | 手机游戏场景建筑模型实例制作

在本节中，我们将利用3ds Max制作一个Q版的手机游戏建筑模型。对于Q版游戏场景来说，通常，模型面数十分精简，但Q版面数并不完全出于对硬件和引擎负载的考虑，也由其自身风格决定，低精度模型的棱角和简约感恰恰符合Q版化的设计理念。

Q版场景最大的特点就是夸张，将正常比例结构的建筑通过夸张的艺术手法改变为卡通风格的建筑，这也就是"Q化"的过程。所以对于新手来说，要制作Q版场景建筑，完全可以先将其制作成写实风格的建筑，然后通过调整结构和比例的关系实现Q化。下面我们就讲解一下实现Q化的基本方法。

图4-31所示是3ds Max视图中的3种柱子模型，左侧为写实风格的建筑结构，中间和右侧是Q版风格的建筑结构。对Q版场景建筑整体结构Q化的基本方法就是"收和放"。中间的柱子就是将柱子中部放大的同时收缩顶和底的效果；右侧的柱子恰恰相反，是将中部收缩的同时放大顶和底的效果。

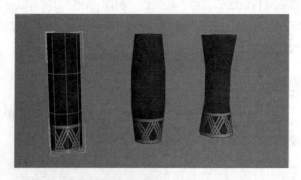

· 图4-31 | 立柱的Q版设计

经过这两种方法的处理，正常的柱子就变成了可爱的卡通风格。这种方法对于建筑模型的结构也同样适用。写实风格建筑的墙体都是四四方方、正上正下的结构，我们可以通过Q化使之变成圆圆胖胖和细细瘦瘦的卡通风格（见图4-32）。

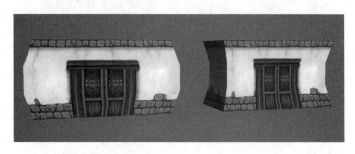

· 图4-32 | 建筑墙体结构的Q版设计

以上介绍的Q化方法是最基本的方法，其实，Q版场景建筑还有更多的风格特色。图4-33所示是一座完整的Q版游戏场景建筑，建筑整体基本是下小上大的倒梯形结构，屋脊结构夸张、巨大，柱子和墙体采用Q化方法来制作，建筑的细节结构，如瓦片、门窗、装饰等具有简约、紧凑的特点，地基围墙也紧紧贴在建筑周围。另外，从模型贴图来说，Q版建筑的贴图基本是纯手绘风格的，大多采用亮丽的颜色，尽量避免使用纹理叠加，尽量体现卡通风格。

· 图4-33 | Q版游戏场景建筑

Q版建筑是游戏场景建筑中比较独特的门类，其制作方法并不复杂，关键是要掌握建筑特点和风格，只要善于观察，多参考相关的建筑素材，同时进行大量的实践练习，就一定能掌握Q版场景建筑模型的制作要领。

图4-34所示为Q版游戏场景建筑的原画设计图，其中的两座建筑都是以中国传统建筑为基础进行设计的。Q化主要体现在建筑整体的轮廓和造型上，建筑整体为圆柱体，除墙体以外，增加了很多圆柱形的建筑装饰结构，同时门窗也都是圆形设计。除此以外，第二座建筑的屋顶上还有鱼形装饰，更增添了Q版的情趣和氛围。

下面具体讲解第一个Q版建筑模型的制作过程。

· 图4-34 | Q版游戏场景建筑的原画设计图

首先，在3ds Max视图中创建一个八边形圆柱体模型（见图4-35）。将模型塌陷为可编辑的多边形，放大模型底面，同时执行面层级下的Extrude命令将模型面挤出，将其作为建筑的屋顶结构（见图4-36）。选中下方的模型面，执行面层级下的Inset命令，将面向内收缩（见图4-37）。接着将收缩的模型面继续向下挤出（见图4-38）。

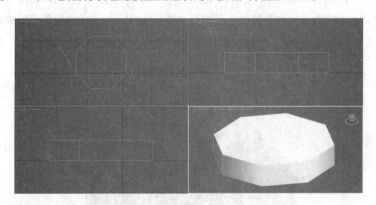

· 图4-35 | 创建八边形圆柱体模型

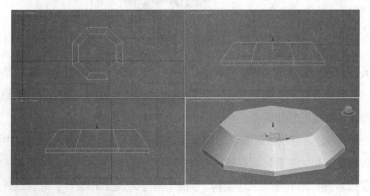

· 图4-36 | 放大模型底面

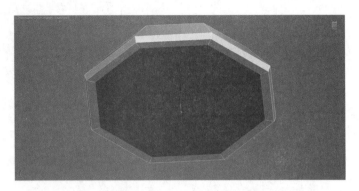

· 图4-37 | 收缩模型面

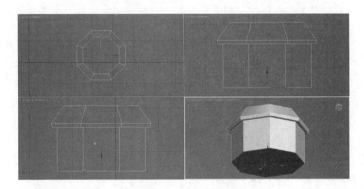

· 图4-38 | 向下挤出模型面

进入多边形边层级，选中基础模型侧面的所有边线，利用Connect命令增加两条横向分段边线（见图4-39）。进入点层级，调整模型顶点，将圆柱中间放大，制作出模型的Q版特点（见图4-40）。继续将模型底面向下挤出，制作出下方的边楞结构（见图4-41）。

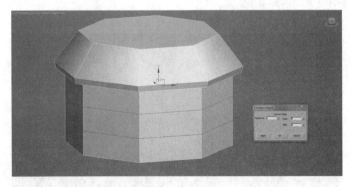

· 图4-39 | 增加分段边线

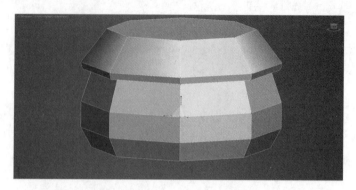

· 图4-40 | 调整模型顶点

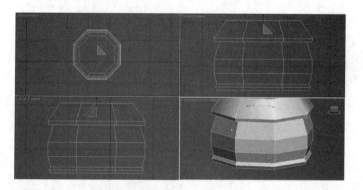

· 图4-41 | 制作下方边楞结构

利用Box编辑及制作屋脊模型，这里仍然要把握Q版建筑结构的特点，屋脊上窄下宽（见图4-42）。将制作完成的屋脊模型移动到屋顶的一条边楞上，然后将屋脊模型的轴心点与建筑主体进行中心对齐（见图4-43）。接下来就可以利用旋转复制的方式快速完成其他屋脊模型的制作（见图4-44）。

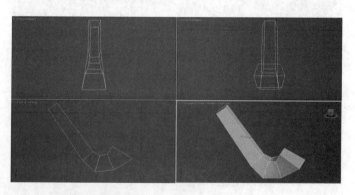

· 图4-42 | 制作屋脊模型

· 图4-43｜调整屋脊轴心点

· 图4-44｜旋转复制得到其他屋脊模型

　　接下来在视图中创建五边形圆柱体模型，此时仍然要制作成上窄下宽的Q版风格，将窄的一端穿插到建筑墙体下边（见图4-45）。将圆柱体模型复制一份，进行放大，将其放置在建筑下面，作为木质支撑结构，然后通过调整轴心点并使用旋转复制的方式快速完成其他结构的制作（见图4-46）。

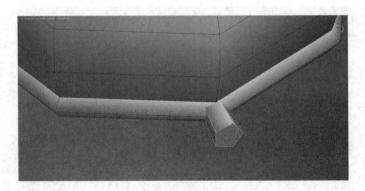

· 图4-45｜制作五边形圆柱体模型

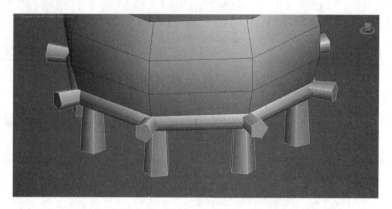

· 图4-46│制作下方支撑结构

最后我们将一个板状的Box模型作为木板楼梯结构，然后在建筑旁边添加场景道具模型（见图4-47）。这样，其中一个Q版建筑模型就制作完成了，效果见图4-48。

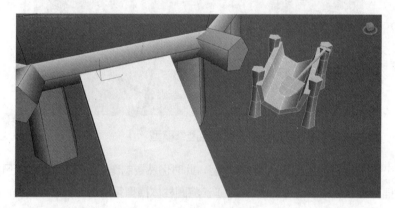

· 图4-47│制作楼梯并添加场景道具模型

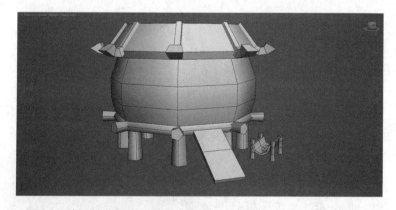

· 图4-48│Q版建筑模型的效果

下面我们开始制作第二个Q版建筑模型。

首先从屋顶结构开始制作，制作方法与前面一样，都是利用八边形圆柱体模型进行多边形编辑，只不过这里需要制作双层房檐结构（见图4-49）。然后将模型底面向下挤出，制作出墙体结构，墙体采用上窄下宽的Q化设计（见图4-50）。在墙体下方利用Bevel命令制作出一个底座结构，底座侧面从上到下逐渐收缩（见图4-51）。

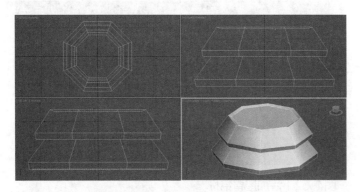

· 图4-49｜制作房檐结构

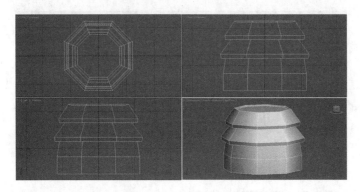

· 图4-50｜制作墙体结构

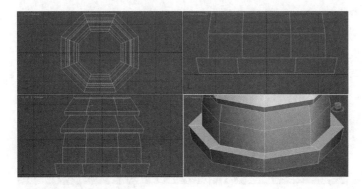

· 图4-51｜制作底座结构

接下来为房顶添加屋脊结构，这里可以直接复制之前制作的屋脊模型，利用调整轴心点和旋转复制的方式快速完成所有屋脊模型的制作（见图4-52）。在顶层屋脊结构上方添加圆柱体模型，将其作为建筑装饰结构（见图4-53）。在建筑底部制作楼梯结构及场景道具模型，这样整个建筑主体就基本制作完成了（见图4-54）。

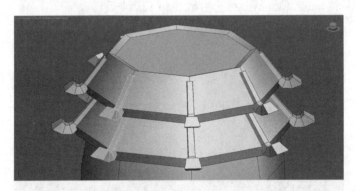

· 图4-52｜添加屋脊结构

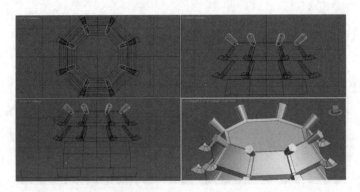

· 图4-53｜添加屋顶装饰结构

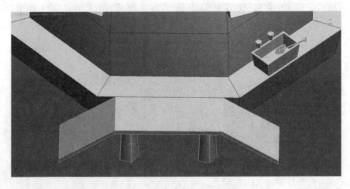

· 图4-54｜制作楼梯结构和场景道具模型

最后我们需要制作建筑顶部的鱼形装饰结构。首先在3ds Max视图中创建Box模型，设置合适的分段数（见图4-55）。由于鱼形装饰为中心对称结构，因此我们只需编辑制作一侧的模型结构，另一侧通过镜像复制就能完成。将Box塌陷为可编辑的多边形，调整模型顶点，编辑出基本的轮廓外形（见图4-56）。

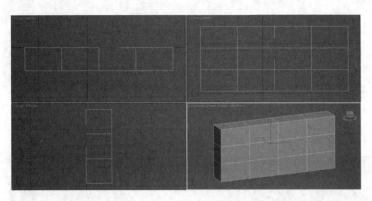

· 图4-55│创建Box模型

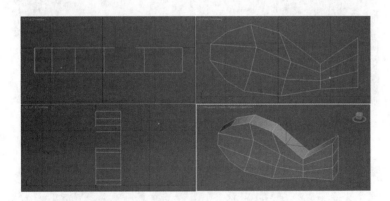

· 图4-56│编辑轮廓外形

通过Cut命令增加分段边线，进一步编辑模型，将模型制作得更加圆滑（见图4-57）。通过挤出命令和进一步编辑，制作出鱼的嘴部结构（见图4-58）。最后制作出鱼的尾部结构（见图4-59）。通过镜像复制及焊接顶点完成整个鱼形装饰模型的制作，将模型放置到屋顶，这样整个Q版建筑模型就制作完成了。最终效果见图4-60。

模型制作完成后，下一步需要对模型进行UV分展和贴图绘制。Q版模型的贴图一般都是纯手绘制作的，风格也更卡通化，多用亮丽的颜色进行平面填充，所以不用过多担心UV的拉伸问题。这里我们可以将模型UV进行简单分展，然后进行贴图的绘制，将屋顶瓦片进行单独拆分，接着制作屋脊和场景道具装饰，墙体部分可以制作成连续贴图，每一座建筑的所有模型元素UV都可以拼接到一张贴图上。图4-61所示为绘制完成的模型贴图。

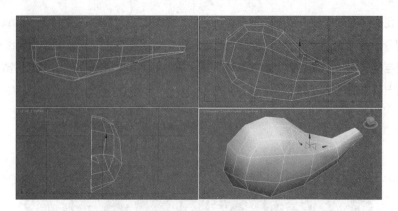

· 图4-57 | 进一步编辑模型

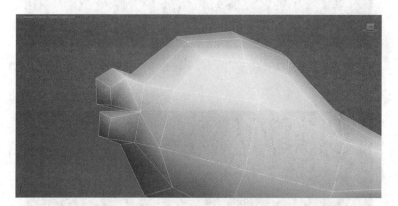

· 图4-58 | 制作嘴部结构

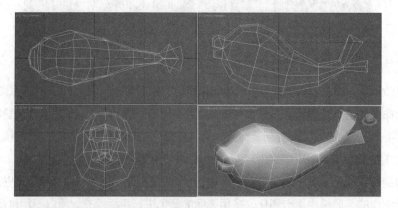

· 图4-59 | 制作尾部结构

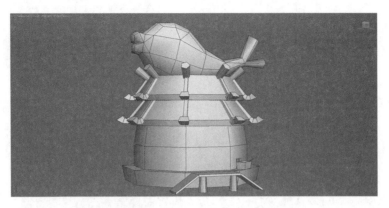

· 图4-60 | 模型最终效果

· 图4-61 | 手绘风格的Q版模型贴图

貼图绘制完成后，将其添加到模型上，然后通过UV编辑器对UV进行细节调整，保证贴图能够正确匹配到模型上（见图4-62）。图4-63所示为本节实例制作模型在3ds Max视图中最终完成的效果。

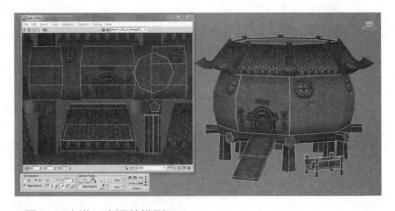

· 图4-62 | 进一步调整模型UV

· 图4-63 │ 模型最终效果

第 5 章

手机游戏3D角色美术设计

任何一门艺术都有区别于其他艺术形态的显著特点，虚拟游戏的最大特征就是参与性和互动性，它赋予受众的参与感要远远超出以往的任何一种艺术形式，它使参与者跳出了第三方旁观者的身份限制，从而真正融入作品当中。游戏作品中的角色作为其主体表现形式，承载了用户的虚拟体验过程，是游戏中的重要组成部分。所以，游戏作品中的角色设计直接关系到作品的质量与高度，成为游戏产品研发中的核心内容。本章我们主要讲解手机游戏开发中3D游戏角色的美术设计。

5.1 | 手机游戏3D角色设计的特点

一个好的游戏角色形象往往会带来不可估量的"明星效应"，如何塑造一个充满魅力、让人印象深刻的角色，是每一位动漫游戏制作者思考的重点，角色的好坏直接影响作品的受欢迎程度（见图5-1）。所以，设计师要绞尽脑汁为自己心中理想的角色设计出各种造型与细节，包括相貌、服装、道具、发型甚至神态和姿势，尽量让角色形象丰满，并且具有真实感和亲和力。

· 图5-1 | 任天堂公司的明星角色马里奥

一般手机游戏中的角色分为3种类型：主角、NPC和怪物。

主角是指游戏中玩家操作的游戏角色，既包括自己操作的角色，也包括别的玩家所操作的游戏角色。主角形象在手机游戏设计中占有最为重要的地位，从原画设计到3D模型的制作，都要比其他角色投入更大的精力和更多的制作时间。对于主角的2D原画，不仅要设计角色本身的形象，还要将其所有可以穿戴和更换的装备进行详细设计和表述（见图5-2）。

NPC是指游戏中的非玩家角色（不能与玩家发生战斗关系），通常玩家会通过NPC来完成某些游戏交互功能，如对话、接任务、买卖等（见图5-3）。

游戏中的怪物是指与玩家具有敌对关系的非玩家角色。通常，怪物与玩家之间的关系只有战斗，玩家可以通过与怪物战斗获得升级经验及奖励等。

· 图5-2 | 游戏角色原画设定图

· 图5-3 | 游戏中玩家与NPC之间的对话交互

　　虽然每一个游戏作品都有自己的风格和特色，但从整体来看，游戏的画面风格可以分为写实类和Q版两种形式，所以游戏角色的风格也包含这两种。这两种风格的区别主要体现在角色的比例上，写实类游戏角色是以现实中正常人体比例为标准设计制作的，通常为8头身或9头身的完美身材比例，而Q版角色通常只有3～6头身的形体比例（见图5-4）。

　　虽然游戏作品是虚拟的，但其中的角色却具有一定的客观性。游戏中的角色都是以自身形象客观出现在游戏场景当中的，所以对于游戏角色的设计，除了对其形象设计外，还要考虑角色的故事背景及所处的场景等。设计师需要根据角色策划剧本，对文字反复研究，了解游戏的整体性，然后参考各种素材和资料，对文字描述的角色进行草稿绘制。

　　设计师通过对人体基本骨骼、肌肉和形体比例的了解，以人类为设计参考，衍生出各种不同种族的生物，如精灵族、矮人族、兽人族等。例如，精灵族身材高挑，肤色各异，居住于深山丛林之中，适应夜间作战；矮人族身材粗短，肌肉发达，用重型铠甲武装自己，往往喜欢冲锋陷阵；兽人族比人类略高，身材强壮，肌肉线条明显，好战嗜血，能使用各种武器，擅长地面作战（见图5-5）。另外，对于不同种族的生物，都有属于自身的种族背景和文化，同时也有身份、地位和阶级等区分。

· 图5-4｜写实类和Q版风格游戏角色

· 图5-5｜游戏中不同种族的角色设定

　　另外，在设计游戏角色时，对于角色道具、服装和装备的设定也是设计的核心内容。在虚拟的游戏里，各种角色不一定是为了保护身体才穿着衣服，服装和装备在一定程度上也能体现出角色的人文背景。因此设计师在设计角色装备时，不仅要考虑如何搭配，更要想方设法地体现服饰所代表的角色性格、内涵及身份地位，而且还要结合游戏的时代背景来设计，这样才能设计出符合游戏世界观的装备外观。游戏中的NPC等非玩家角色的服装和装备，也能体现出角色自身的性格特点。例如，暖色调的服装和装备配色能够让角色显得热情、阳光和正面，相反，冷色调的颜色搭配会让角色显得阴险和狡诈（见图5-6）。

　　与2D游戏角色相比，3D游戏角色更具特色。2D游戏的视角通常比较单一，游戏角色往往只有一个视角面，而3D游戏通常为360°视角，游戏玩家可以从各个角度观察游戏角色。所以，从这一点来说，3D游戏角色的设计和制作比2D角色需要花费更多的时间和精力，也需要考虑角色各个角度的展示问题。

· 图5-6│游戏角色服装设计

对于手机游戏来说，无论是硬件平台还是游戏的容量限制都决定了其无法和PC或者家用机采用同等的设计要求。手机游戏对于模型的负载能力有限，在模型设计和制作上必须采用尽可能简化的方式，以节省模型面数。因此要求3D手机游戏角色必须具有突出的特点，设计师要抓住角色的主要表现特征来制作，这与像素角色制作有相似之处（见图5-7）。

· 图5-7│手机游戏角色

5.2│手机游戏3D角色设计与制作流程

3D游戏角色的设计与制作具有系统的流程，主要分为以下几个步骤：原画设计、模型制作、模型材质和贴图制作、骨骼绑定与动作调节等。进行3D角色制作的第一步是进行原画的设定和绘制，3D角色原画的设定和绘制通常是指将策划和创作的文字信息转换为平面图片的过程。图5-8所示为一张角色原画设定图，图中设计的是一位身穿金属铠甲的持剑武士。设定图通过正面、侧面和背面清晰地描绘了角色的体型、身高、面貌及所穿的装备服饰。为了更好地阐释铠甲各部分的材质，设定图中还配了小图来说明铠甲的细节。除此以

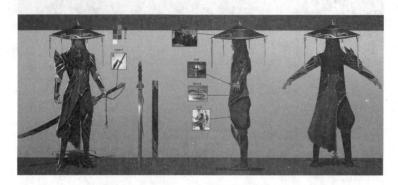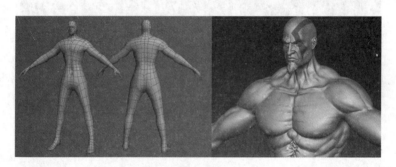

外，图中还专门对角色武器进行了细节的绘制和设定。

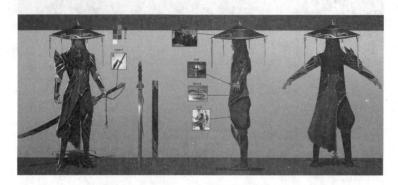

·图5-8｜角色原画设定图

角色原画设定图完成后，3D制作人员就要针对原画设定图进行3D模型的制作，3D游戏角色模型通常利用3ds Max来进行制作。随着游戏硬件和制作技术的发展，现在的很多手机游戏也引入了法线贴图技术。制作法线贴图前，我们首先需要制作一个高精度模型，这可以直接利用3D软件进行制作，或者通过ZBrush等3D雕刻类软件制作出模型的高精度细节（见图5-9）。

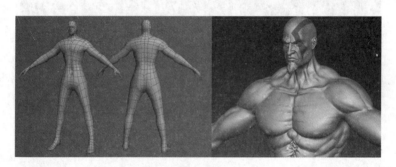

·图5-9｜利用ZBrush雕刻高精度模型

之后我们需要在3D软件中根据高精度模型来制作相应的低精度模型。因为游戏中最终使用的都是低精度模型，高精度模型只是为了制作法线贴图，增强模型的细节。图5-10所示是对低精度模型添加法线贴图后的效果，以及3D角色模型的法线和高光贴图。

模型制作完成后，需要将模型的UV坐标进行分展，保证模型的贴图能够正确显示（见图5-11）。接下来就是模型材质的调节和贴图的绘制了。对于3D动画角色模型的制作，往往需要对其材质球进行设置，保证不同贴图效果的质感，以实现完美的渲染效果。对于3D游戏角色模型，无须对其材质球进行复杂的设置，只需为其不同的贴图通道绘制不同的模型贴图即可，如固有色贴图、高光贴图、法线贴图、自发光贴图及Alpha贴图等（见图5-12）。

· 图5-10 | 添加法线贴图的模型效果及3D角色模型的法线和高光贴图

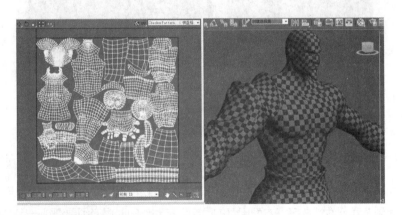

· 图5-11 | 分展模型的UV坐标

　　模型和贴图都完成后，我们需要对模型进行骨骼绑定和蒙皮设置，通过3D软件中的骨骼系统对模型实现可控的动画调节（见图5-13）。骨骼绑定完后，我们就可以对模型进行动作调节和动画制作了，最后将设计保存为特定格式的动画文件，之后在游戏引擎中，系统和程序会根据角色的不同状态对动作文件进行加载和读取，实现角色的动态过程。

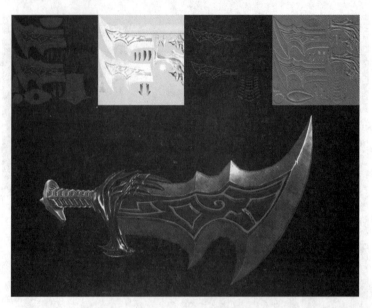

· 图5-12 | 绘制模型贴图

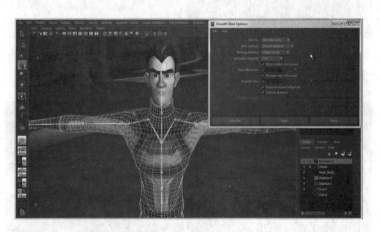

· 图5-13 | 3D角色骨骼的绑定

以上就是手机游戏中3D角色设计和制作的基本流程。对于3D手机游戏中的角色模型来说，由于受到游戏硬件性能等多方面因素的限制，在制作的时候必须要遵循一定的规范和要求，尤其在模型的布线和多边形面数等方面。首先，在进入正式模型制作之前，我们要对角色的原画设定图仔细分析，掌握模型的整体比例结构及角色的固有特点，以保证后续的整体制作方向和思路正确。模型的布线不仅要清晰地突出模型自身的结构，而且必须有序和工整。模型线面以三角形和四边形为主，不能出现四边以上的多边形面，同时还要考虑后续的UV拆分及贴图的绘制，合理的模型布线是3D角色制作的基础（见图5-14）。

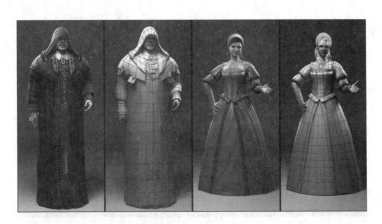

· 图5-14 | 规范的角色模型布线

　　制作游戏角色模型的时候，要严格地遵守模型的面数限制。面数的多少，一般取决于游戏引擎的要求，一般3D手机游戏角色模型的面数要控制在3000以下。如何使用低精度模型去塑造复杂的形体结构，这就需要我们对模型布线进行精确控制，并与后期贴图效果进行配合。模型上的有些结构是需要用面去表现的，而有些结构则可以使用贴图去表现（见图5-15）。图5-15中的模型结构十分简单，其细节的装饰结构完全是用贴图来表现的，虽然模型的面数很少，但仍可以达到理想的效果。

· 图5-15 | 低精度模型利用贴图表现模型结构

　　另外，为了进一步降低精度模型面数，在模型制作完成后，我们可以将看不到的模型面删除，如角色头盔、衣服或装备覆盖的身体模型等（见图5-16）。这些多余的模型面不会为模型添加任何可视效果，但如果删除将会大大节省模型面数。

　　除此以外，Alpha贴图（透明贴图）也是节省模型面数的一种方式。在游戏角色模型的制作中，Alpha贴图主要用在模型的边缘处，如头发边缘、盔甲边缘等（见图5-17），这样可以使模型边缘的造型更为复杂，同时不会增加过多的模型面。

·图5-16│删除多余的模型面

·图5-17│Alpha贴图的应用

　　角色模型的布线除了要考虑模型结构、面数和贴图等因素外，还要考虑模型制作完成后的动画制作，也就是角色的骨骼绑定。在创建模型的时候，一定要注意角色关节处布线的处理，这些部位是不能吝啬面数的，因为这直接关系到之后的骨骼绑定及动画的调节。如果面数过少，会导致模型在运动时关节处出现锐利的尖角，十分不美观。通常来说，角色关节处都有一定的布线规律，合理的布线会使得模型运动起来更加圆滑和自然。在图5-18中，左图为错误的关节布线，右图是正确的关节布线。

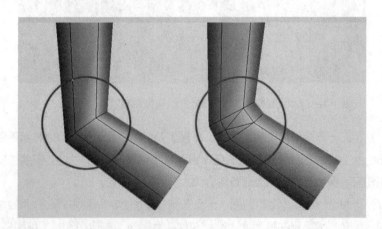

·图5-18│角色关节处布线

当模型制作完成后，需要对模型UV进行平展，方便后面贴图的绘制。对于角色模型来说，需要严格控制贴图的尺寸和数量。由于贴图比较小，所以在分配UV的时候，我们应尽量将每一寸UV框内的空间都占满，在有限的空间内达到最好的贴图效果（UV网络拆分见图5-19）。

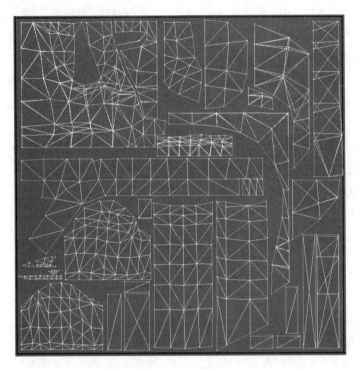

· 图5-19 | 游戏角色模型UV网格拆分

虽然不能浪费UV空间，但是也不能让UV线离UV框过近，一般来说，要保持至少3px的距离，距离过近会导致角色模型产生接缝。分配UV合理与否，会影响以后贴图的效果和质量。通常，需要细节表现的地方，UV分配多一些，方便细节的绘制；反之，不需要太多细节的地方，UV可以分配得少一些。主次关系是模型UV拆分中一个重要的原则。

如果是不添加法线贴图的游戏角色模型，那么可以把相同模型的UV重叠在一起。例如，左右对称的角色装备和左右脸等可以重叠到一起，这样做是为了提高绘制效率，在有限的时间内达到最好的效果。但如果要添加法线贴图，模型的UV就不能重叠，因为法线贴图不支持这种重叠的UV，避免后期出现贴图显示错误。对于对称结构，可以先制作其中一个，另一个通过复制模型来完成。

当我们制作了大量的角色模型后，会逐渐形成自己的模型素材库。在制作新的角色模型的时候，我们可以从素材库选取体形相近的模型进行修改，如修改手、护腕、胸部等。所以，平时积累的贴图库和模型库会给工作带来很多便利。

⚙ 5.3 | 手机游戏3D角色道具模型实例制作

　　游戏角色道具模型是指游戏中与3D角色相匹配的附属物品模型。广义上，游戏角色的服装、饰品、武器装备及各种手持道具等都可以算作角色道具。在游戏当中，玩家所操控的游戏角色可以更换各种装备、武器及道具，这就要求在游戏角色制作过程中不仅要制作角色模型，还必须制作与之相匹配的各种角色道具模型。

　　在游戏角色模型的制作流程和规范中，角色的服装、饰品等通常是跟角色一起进行制作的，并不是在人体模型制作完成后再进行独立制作。游戏制作中的角色道具模型通常是指需要独立进行制作的武器等装备模型。所有的武器装备道具模型都是由专门的3D模型师进行独立制作的，然后通过设置武器模型的持握位置来匹配各种不同的游戏角色。

　　游戏角色武器道具模型常见的有冷兵器、魔法武器及枪械等，根据不同的游戏类型需要制作不同风格的道具模型，如写实类、魔幻类、科幻类或者Q版等（见图5-20）。下面我们将学习游戏角色武器道具模型的制作。

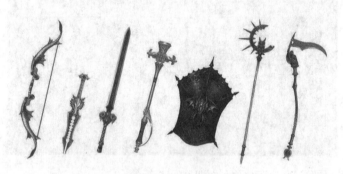

· 图5-20 | 游戏角色武器道具模型

　　剑是3D游戏中最常见的冷兵器类型。在传统意义上，剑主要用来挥和刺，所以一般以细长结构为主，但游戏中的武器道具往往经过了改造和设计，延伸出了各种不同形态的剑（见图5-21）。

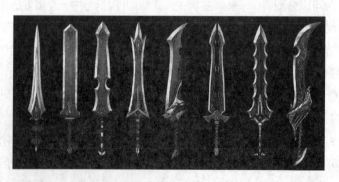

· 图5-21 | 游戏中各种类型的剑

一般，我们按照剑身与剑柄的比例结构将其分为匕首、单手剑、双手剑及巨剑等。无论是什么类型的剑，都具备共同的结构特征。剑从整体来看主要分为三大部分：剑刃、护手及剑柄（见图5-22）。另外，剑柄末端还会有起装饰作用的柄头，护手具备一定的实用功能，但在游戏当中更多的是起装饰作用，所以对于不同的剑，都会将护手作为重要的设计对象，来增强自身的辨识度和独立性。本节就来制作一把单手剑道具模型，我们将按照剑刃、护手及剑柄的顺序进行制作。

・图5-22｜剑的基本结构

首先，在3ds Max视图中创建一个Box模型，设置合适的分段数。由于剑身属于对称结构，所以这里将纵向分段数都设置为2（见图5-23）。接下来将模型塌陷为可编辑的多边形，进入多边形面层级，沿着中间的分段边线删除一侧的所有模型面，然后在堆栈面板中添加Symmetry修改器，这样可以将模型进行对称编辑，节省制作时间（见图5-24）。然后调整模型边缘顶点，制作出剑刃的基本轮廓形态（见图5-25）。

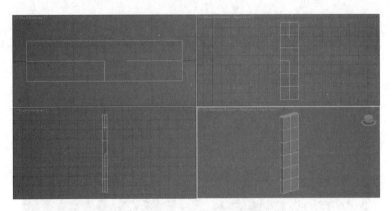

・图5-23｜创建Box模型并设置合适的分段数

进入多边形边层级，选中模型侧面的纵向边线，利用Connect命令添加横向分段边线，同时将新边线产生的顶点与中心的顶点进行连接，避免产生四边以上的多边形面（见图5-26）。

· 图5-24 | 添加Symmetry修改器

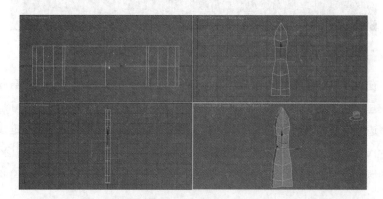

· 图5-25 | 制作模型轮廓形态

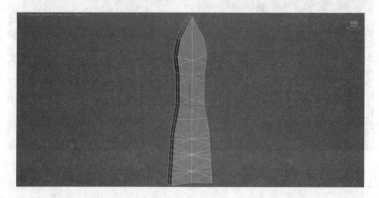

· 图5-26 | 增加边线

　　接下来利用新增加的模型边线进一步编辑模型外部轮廓，制作出较为复杂的剑刃结构（见图5-27）。然后在模型中部利用挤出命令制作出突出的尖锐结构（见图5-28）。接着进入多边形点层级，选中模型侧面除中心点外的纵向两侧的多边形顶点（见图5-29），然

后将顶点向内移动，形成边缘的剑刃结构（见图5-30）。最后选中剑尖的模型顶点，将其
向内收缩，制作出尖部的模型结构（见图5-31）。

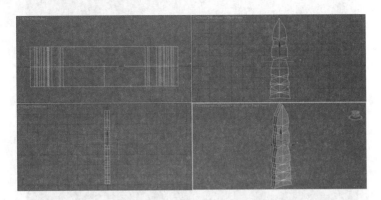

· 图5-27｜进一步编辑模型

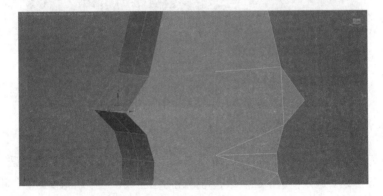

· 图5-28｜制作突出的尖锐结构

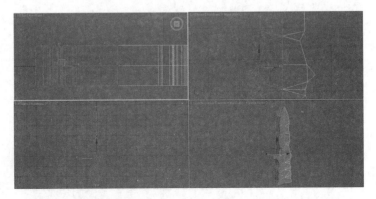

· 图5-29｜选中模型侧面除中心点外的纵向两侧的多边形顶点

· 图5-30 | 制作出剑刃结构

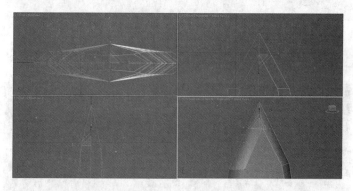

· 图5-31 | 收缩尖部顶点

　　由于剑刃模型是从Box模型编辑而来的，编辑完成后的模型光滑组存在错误，需要重新设置模型的光滑组。进入多边形面层级，打开光滑组面板，选中所有模型面，将光滑组删除，然后选择除刃部以外的内部模型面，为其制定一个光滑组编号，这样剑刃棱角和锋利感就展现出来了（见图5-32）。

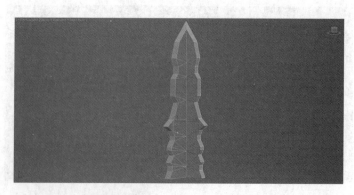

· 图5-32 | 设置模型光滑组

下面开始制作剑刃下方护手的模型结构。首先在视图中创建一个Box模型（见图5-33），护手同样可以通过添加Symmetry修改器命令进行镜像编辑。通过编辑多边形命令制作出基本的模型轮廓（见图5-34）。然后通过挤出命令制作出四角的模型结构（见图5-35）。通过加线进一步编辑模型，制作出图5-36所示的形态。

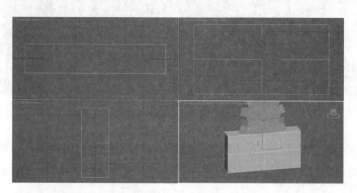

· 图5-33 | 创建Box模型

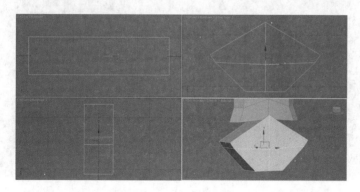

· 图5-34 | 制作模型轮廓

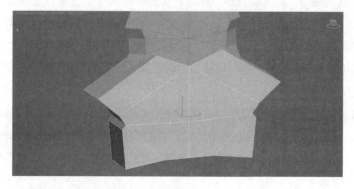

· 图5-35 | 利用挤出命令编辑模型

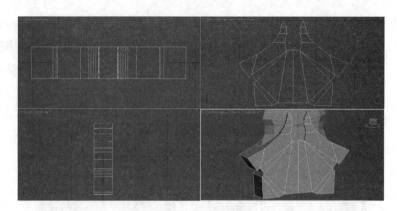

· 图5-36 | 进一步编辑模型结构及所得形态

　　接下来在视图中创建一个五边形的圆环模型，可以直接通过编辑创建面板下的扩展几何体模型进行创建，然后将模型放置在护手左下角和右下角的位置，作为装饰结构（见图5-37）。

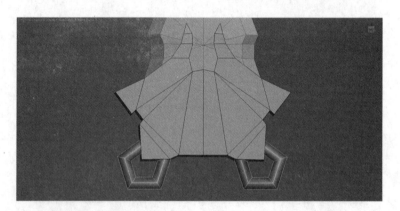

· 图5-37 | 创建圆环模型

　　下面制作剑柄结构。首先创建Box模型来作为基础几何体模型，并设置合适的分段数（见图5-38），然后通过添加Symmetry修改器命令进行对称编辑制作。通过编辑多边形来编辑剑柄的轮廓（见图5-39）。通常，剑柄部分为四边形圆柱体结构，为了节省模型面数，我们需要将模型侧面的顶点进行焊接，但需要留出一个顶点的位置，方便后面柄头模型的制作（见图5-40）。

　　接下来进入多边形面层级，选中刚才未焊接顶点的模型面，利用Extrude命令将其挤出（见图5-41）。然后通过Connect命令加线，同时焊接新产生的顶点（见图5-42）。通过进一步编辑模型完成柄头模型结构的制作（见图5-43）。图5-44所示为单手剑模型的最终效果。

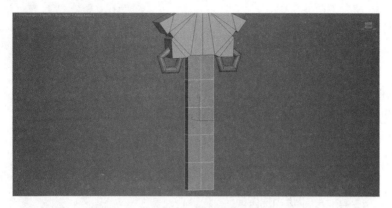

· 图5-38 | 创建剑柄Box模型并设置分段数

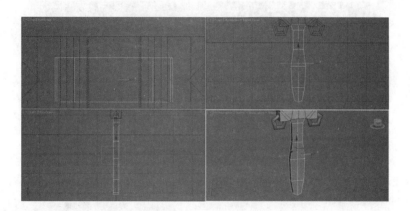

· 图5-39 | 编辑模型轮廓

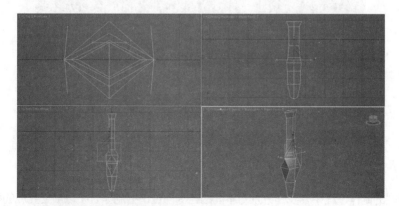

· 图5-40 | 焊接模型顶点

· 图5-41 | 挤出模型面

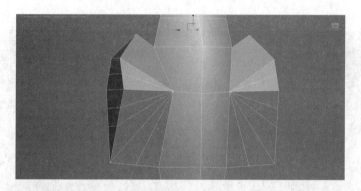

· 图5-42 | 增加边线并焊接新产生的顶点

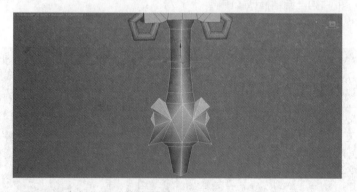

· 图5-43 | 制作柄头模型结构

　　在模型的制作过程中，我们分别对不同的结构部位进行制作，所以最终完成的模型并不是一个整体模型，在进行UV拆分前需要对模型进行接合处理。首先需要将剑刃、护手和剑柄的Symmetry修改器命令删除，然后选择其中的一个模型部分，利用多边形编辑面板下的Attach命令将其他模型部分进行接合，让模型成为完整的多边形模型。

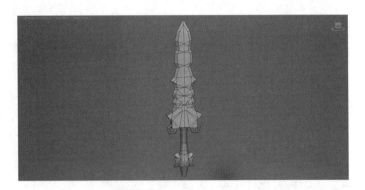

· 图5-44 | 制作完成的模型效果

接下来进行UV的分展。由于模型结构整体比较扁平，在分展UV时，可以直接利用
Plane平面投影的方式进行UV拆分，之后除了调整各部分UV的位置外，基本不需要过多的
调整（见图5-45）。将模型的所有UV网格集中在UV编辑器的UV框内，然后通过UV网格
渲染命令将其输出为图片，以便在Photoshop中进行贴图绘制（绘制完成的模型贴图见
图5-46）。图5-47所示为3ds Max视图中最终完成的模型效果。

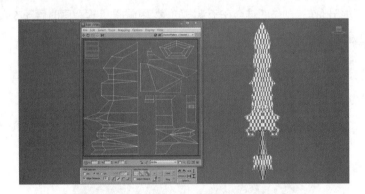

· 图5-45 | 模型UV的分展

· 图5-46 | 绘制完成的模型贴图

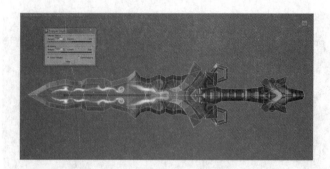

· 图5-47 | 最终完成的模型效果

5.4 | 手机游戏3D角色模型实例制作

本节我们学习手机游戏3D角色模型的制作。图5-48所示为实例模型的原画设定图。从图中可以看出，这是一位年轻女性角色，穿着具有民族风格的服饰。我们仍然按照头、躯干和四肢的顺序进行制作，制作的难点在于头发的模型和贴图处理，同时腰部衣服的层次和褶皱也要格外注意。

· 图5-48 | 角色模型原画设计图

5.4.1 头部模型的制作

首先我们开始制作角色头部模型，仍然以Box模型作为基础几何体模型，将视图中的Box模型塌陷为可编辑的多边形并删除一半，然后添加Symmetry修改器命令进行镜像对称操作（见图5-49）。然后对模型进行编辑，调整出头部的轮廓，在脸部中间挤出鼻子的基本结构（见图5-50）。通过Cut、Connect等命令对模型进行加线处理，进一步编辑头和脸部的模型结构（见图5-51）。

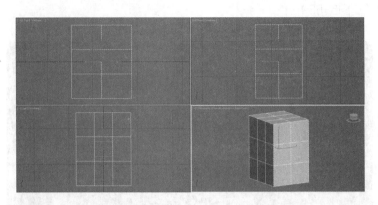

· 图5-49│创建Box模型并编辑

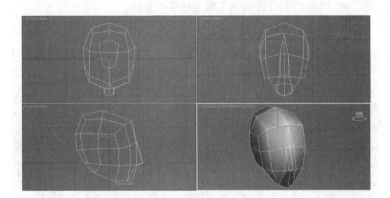

· 图5-50│编辑头部基本结构

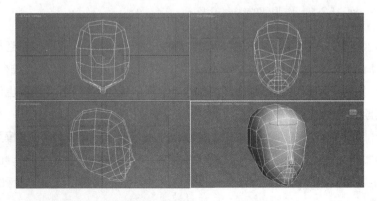

· 图5-51│加线并细化模型结构

接下来进一步增加面部的布线结构，细化并制作出鼻头及嘴部的轮廓结构（见图5-52）。然后利用切割布线刻画出眼部的线框轮廓，由于是手机游戏角色，所以眼部跟嘴部模型不需要刻画得特别细致，后期还要通过贴图来进行表现，这里的布线也是为了方便贴图的绘制（见图5-53）。

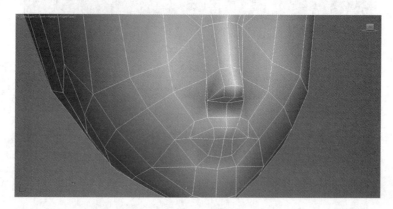

· 图5-52│制作鼻子跟嘴部的模型结构

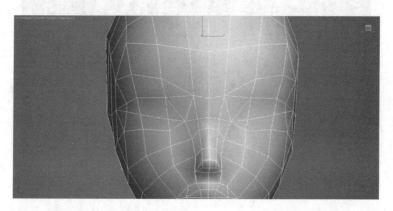

· 图5-53│制作眼部的线框轮廓

除了脸部模型外，头部其他部位的模型结构和布线应尽量精简，因为头部还要制作头发来进行覆盖。接下来对头部侧面的模型进行布线处理，制作出耳朵的线框结构（见图5-54）。然后利用面层级下的挤出命令制作出耳朵的模型结构，耳朵模型也只需简单处理即可，后期会通过贴图来进行表现（见图5-55）。

角色头部模型制作完成后，可以开始制作头发的模型结构。首先利用Box模型贴着头皮部位制作基本的头发模型结构，由于头发是有厚度的，不能紧贴头皮进行制作，因此要注意头发模型与头皮的位置关系（见图5-56），同时也要注意头部侧面与头发边缘的衔接关系（见图5-57）。

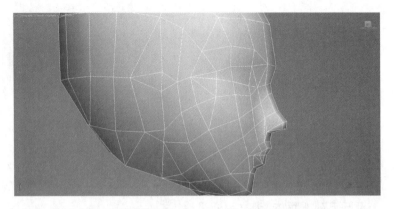

· 图5-54 | 制作耳朵的线框轮廓

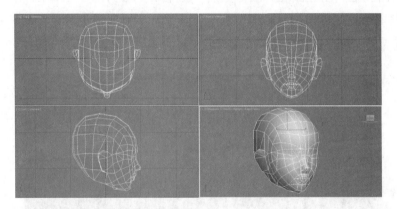

· 图5-55 | 挤出耳朵模型结构

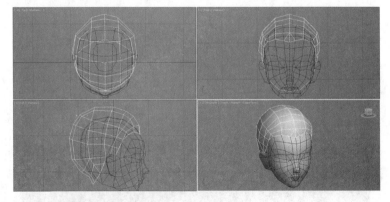

· 图5-56 | 头发模型与头皮的位置关系

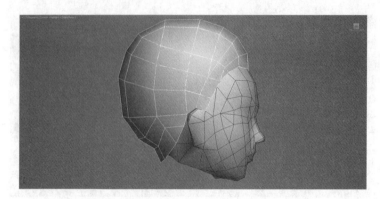

· 图5-57｜侧面的衔接关系处理

接下来在视图中创建细长的Plane模型，通过编辑多边形，制作出耳朵后方散落下来的细长发丝模型，这里只需要制作一侧即可，另一侧可以通过镜像复制来完成（见图5-58）。这里要注意Plane模型与耳朵后方头发的衔接处理（见图5-59）。

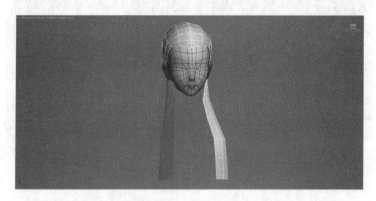

· 图5-58｜制作细长发丝模型

· 图5-59｜Plane模型与发丝的衔接处理

然后利用Plane面片模型制作额前处的头发模型，这里通过两个不同的Plane模型制作两侧分开的发丝模型结构（见图5-60）。接下来在前方两个Plane模型的衔接处，利用Plane模型制作发丝模型结构（见图5-61）。这些面片结构一方面是为了增加头发的复杂性和真实感，另一方面对于头发衔接处的模型结构也起到遮挡和过渡的作用，所有的Plane模型最后都要添加Alpha贴图，以表现头发的自然形态。最后在头发后方正中间的位置利用Box模型制作发髻模型结构，整个发髻接近于蝴蝶型，这里可以制作成不对称的结构，增加自然感（见图5-62）。

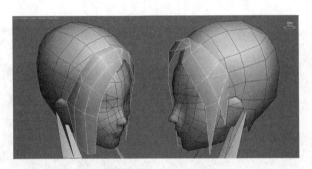

· 图5-60 │ 制作两侧分开的发丝模型结构

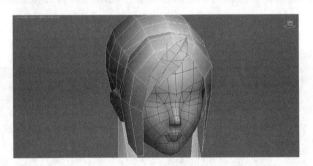

· 图5-61 │ 制作前面发丝的模型结构

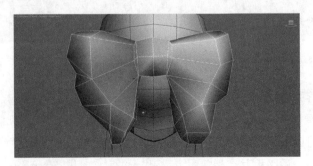

· 图5-62 │ 制作发髻模型结构

5.4.2 躯干模型的制作

头部模型制作完成后，我们接下来制作躯干模型。从前面的原画设定图中可以看出，角色模型上身穿着一件短小的上衣，所以我们首先制作上衣模型。制作方法仍然是利用Box模型的镜像对称编辑多边形，得到上衣的基本外形结构，这里要留出袖口的位置（见图5-63）。然后沿着袖口，利用挤出命令制作出肩膀的结构（见图5-64），沿着肩膀向下延伸，继续制作出短袖的结构（见图5-65）。接下来通过切割布线进一步增加模型的细节结构，让模型更加圆滑（见图5-66）。

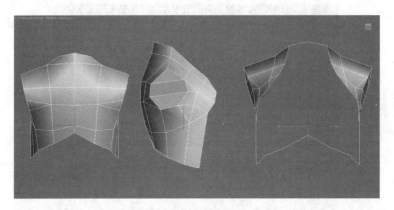

· 图5-63 | 利用Box模型的镜像对称制作上衣模型

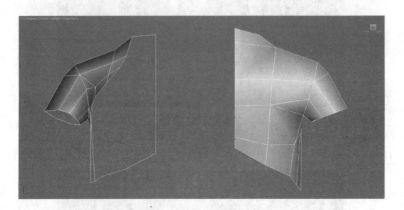

· 图5-64 | 制作肩膀结构

上衣模型制作完成后，接下来制作被衣服包裹的身体模型结构。首先，沿着头部模型向下制作出颈部的模型结构（见图5-67）。然后向下继续编辑，制作出胸部的身体结构，由于颈部后面的背部区域是被衣服模型完全覆盖的，为了节省模型面数，我们可以不制作这部分身体模型；同理，肩膀和上臂等的模型结构也无须制作（见图5-68）。接下来向下继续制作出腰部和胯部的身体模型结构（见图5-69、图5-70）。

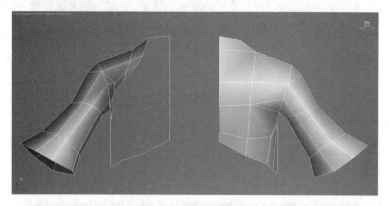

· 图5-65 | 制作短袖结构

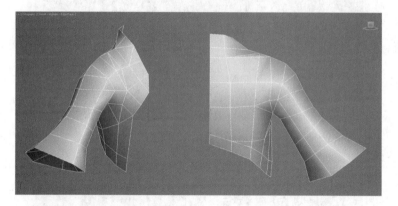

· 图5-66 | 增加模型细节结构

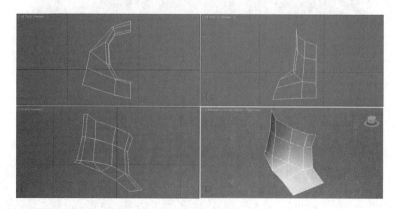

· 图5-67 | 制作颈部模型结构

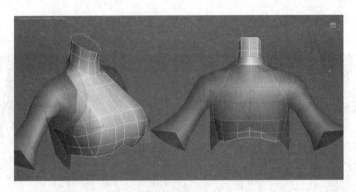

· 图5-68｜制作胸部模型结构

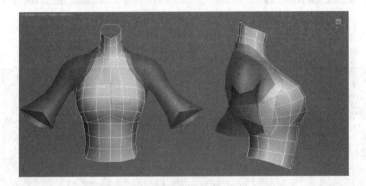

· 图5-69｜制作腰部模型结构

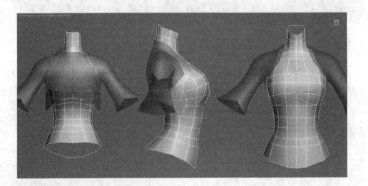

· 图5-70｜制作胯部模型结构

5.4.3 四肢模型的制作

接下来我们开始制作四肢及腰部衣服装饰等的模型结构。首先，沿着上身衣袖的模型向下，利用圆柱体模型制作手臂的模型结构，为了方便后期的骨骼绑定，需要注意肘关节处的模型布线处理（见图5-71）。接着向下制作出手部模型结构，手部不需要特别细致，只需要将拇指和食指单独分开制作即可，其余手指可以利用后期贴图进行绘制（见图5-72）。然后在腕部和小臂处利用圆柱体模型制作护腕模型结构（见图5-73），要注意护腕上方镂空结构的制作。图5-74所示为角色上身模型结构的最终效果。

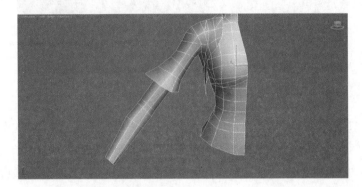

・图5-71｜制作手臂模型结构

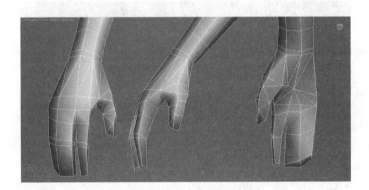

・图5-72｜制作手部模型结构

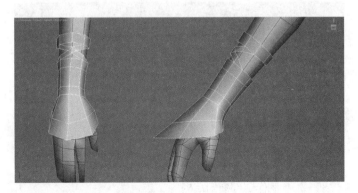

・图5-73｜制作护腕模型结构

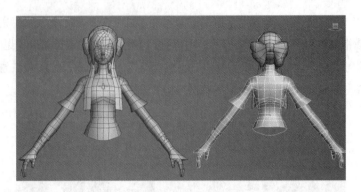

· 图5-74｜角色上身模型结构的最终效果

　　下面我们开始制作下肢模型结构。首先利用Box模型的镜像制作短裤的模型结构（见图5-75）。然后沿着短裤向下制作出腿部的模型结构。腿部布线应尽量简单，但要表现出女性腿部整体的曲线效果，同时应考虑到后期角色的运动，膝关节处的布线也要特别注意（见图5-76）。

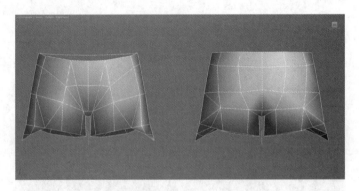

· 图5-75｜制作短裤模型结构

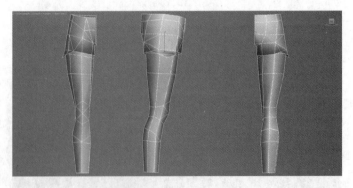

· 图5-76｜制作腿部模型结构

接下来制作靴子模型。利用六边形圆柱体模型先制作与小腿衔接的靴筒模型结构（见图5-77），然后向下制作脚部靴子的模型结构（见图5-78），注意结构及布线的处理，尤其是高跟靴底部的弧度。将制作完成的下半身模型与上半身模型进行拼接，见图5-79。从图中可以看出，上半身模型和下半身模型在腰部并没有完全接合，这是因为后面还要在腰部添加衣饰模型。

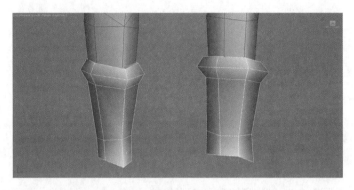

· 图5-77｜制作靴筒模型结构

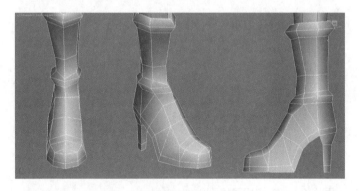

· 图5-78｜制作脚部靴子模型结构

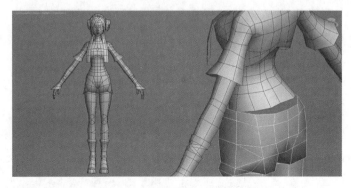

· 图5-79｜拼合上半身模型与下半身模型

接下来制作腰部的衣饰模型。首先围绕腰部创建Tube几何体模型，制作腰部衣服上的褶皱模型结构，这里我们将其制作为不对称结构（见图5-80）。然后向下延伸，继续制作出裙子的模型结构（见图5-81）。这里仍然制作成不对称结构，同时要适当增加裙子的模型面数，较多的面数可以避免角色在运动的时候产生过度的拉伸和变形。最后在腰部一侧制作出飘带模型结构（见图5-82）。图5-83所示为角色模型最终的效果。

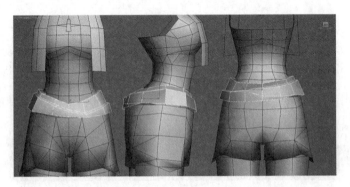

· 图5-80｜制作腰部衣褶模型结构

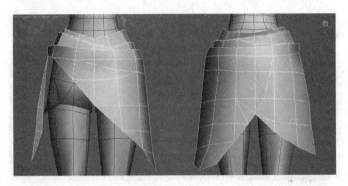

· 图5-81｜制作裙子模型结构

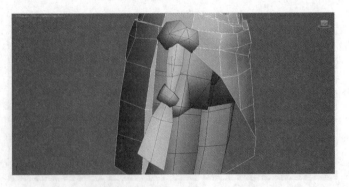

· 图5-82｜制作飘带模型结构

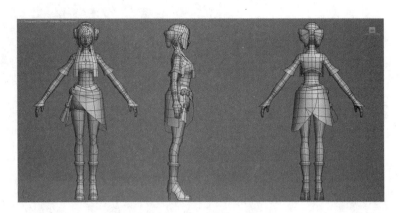

·图5-83│角色模型最终的效果

5.4.4 模型UV拆分及贴图绘制

模型制作完成后，需要对其进行UV拆分和贴图的绘制。首先，我们将头部的UV进行拆分，先将面部模型进行隔离显示，然后在堆栈面板中为其添加Unwrap UVW修改器命令，进入边层级，单击面板底部的Edit Seams按钮，通过鼠标点选操作，设置面部模型的缝合线（见图5-84）。然后进入修改器命令面层级，选择缝合线范围内的模型面，通过面板中的Planar命令为其制作UV投影的Gizmo线框并调整线框位置（见图5-85）。然后进入UV编辑器调整面部UV，尽量将其放大，方便贴图绘制（见图5-86）。

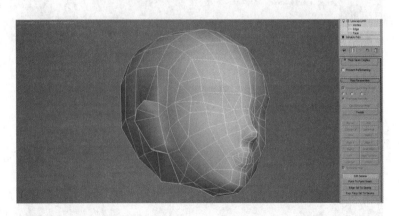

·图5-84│设置缝合线

利用相同的方法分展其他模型部分的UV，流程基本相同，不同的是UV投影方式的选择，身体和衣服部分更多地选用Pelt命令进行UV平展，四肢则需要选择Cylindrical方式。将所有头发模型结构的UV网格进行拆分和拼合（见图5-87），为了节省贴图，我们将头部、头发和发带的UV网格全部拼合在一张贴图上（见图5-88）。

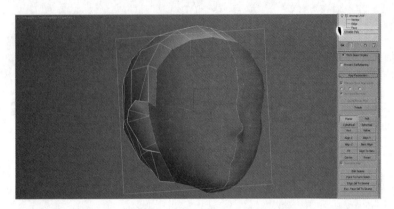

· 图5-85 | 制作UV投影的Gizmo线框并调整其位置

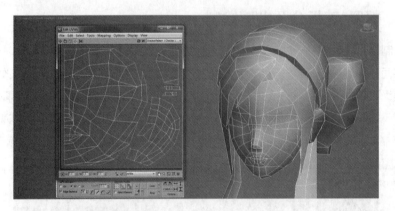

· 图5-86 | 调整面部UV

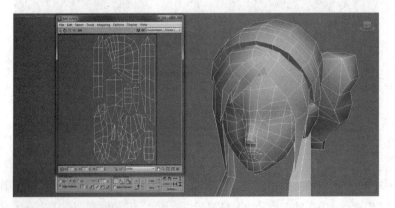

· 图5-87 | 拆分和拼合头发模型结构的UV网格

· 图5-88 | 头部、头发和发带的UV拼合

接下来我们将角色的身体、腰部衣饰及腿部模型UV进行拆分（见图5-89），然后将这些模型的UV全部拼合到一张贴图上（见图5-90）。由于模型细节过多，无法将所有UV全部整合到一起，因此这里我们将角色小臂及靴子模型的UV单独进行拆分，作为第三张贴图（见图5-91）。

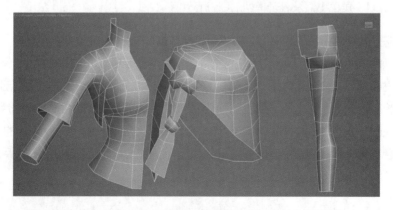

· 图5-89 | 将角色的身体、腰部衣饰及腿部模型的UV拆分

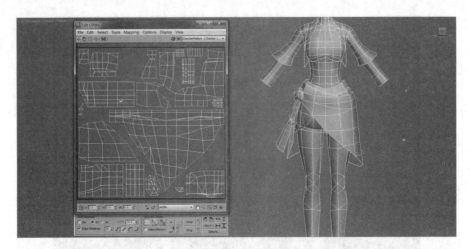

・图5-90 | UV的拼合处理

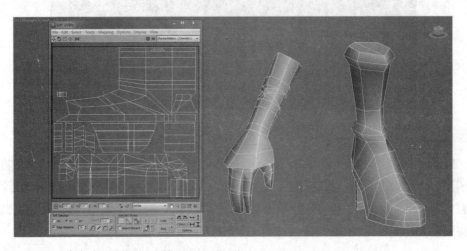

・图5-91 | 角色小臂及靴子模型的UV拆分

接下来开始绘制角色模型贴图。对于手绘风格的NPC角色模型来说，可以首先利用大色块进行颜色填充，然后利用明暗色进行局部明暗关系的处理，可以根据项目的具体风格和要求决定贴图细节的绘制及刻画程度（角色身体模型贴图见图5-92）。对于脸部贴图的绘制，可以将明暗关系尽量减弱，着重刻画眉眼及嘴唇。另外，头发贴图要注意面片模型的镂空处理，在面片模型贴图末端要制作出通道，最后将整张贴图保存为Alpha通道的DDS贴图格式（角色脸部贴图及头发模型贴图见图5-93）。为头发模型添加Alpha贴图后的效果见图5-94，为NPC角色模型添加贴图后的最终效果见图5-95。

· 图5-92 | 角色身体模型贴图

· 图5-93 | 角色脸部贴图及头发模型贴图

· 图5-94 | 为头发模型添加Alpha贴图的效果

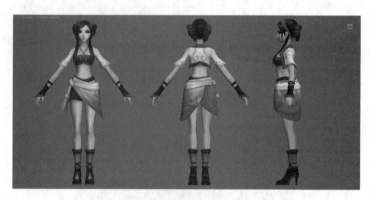

· 图5-95 | NPC角色模型最终完成效果

5.5 | 手机游戏Q版角色模型实例制作

　　Q版游戏角色的设计首先要从整体的形体比例上来把握。正常人体的身体比例一般为8头身左右，为了营造可爱和萌的感觉，Q版游戏中角色的形体比例通常为3头身或5头身（见图5-96）。

· 图5-96 | Q版游戏中的角色比例

　　3头身的角色形象设计除了要将头部放大外，还要将四肢等身体结构进行缩短，类似于婴儿形体的比例，这样能够使角色更可爱。而5头身角色通常只将头部进行放大，躯干、四肢等身体结构保持正常的比例即可。在某些游戏中，为了更加突出角色的萌，还可以对其进行更加夸张的设计，甚至出现2头身形体比例的角色（见图5-97）。

　　除了形体比例的把控外，要想设计出可爱的Q版角色，还要从角色的五官特点上进行刻画。通常，Q版角色的眼睛都非常大，而鼻子跟嘴巴都设计得很小，这样可以更加突出角色的可爱。此外，Q版角色的面部表情也都非常生动。

· 图5-97 | Q版游戏中2头身比例的角色形象

下面我们学习Q版游戏角色模型的制作方法。这里选取日本著名动漫《火影忍者》中的角色作为制作的对象。在图5-98中，左图为角色原版正常比例设定图，基本在6~7头身比例之间。如果要对其进行Q化设计，我们需要将其头部比例放大，基本与躯干达到1:1比例，然后缩短腿部，差不多为1.5个头部，手臂和手部也要随着身体比例的变化进行调整，效果见图5-98的右图。

· 图5-98 | 角色原版与Q版设定图

由于所要制作的角色是对称结构的，因此只制作一侧的模型即可。下面开始实际模型的制作。

首先，我们在视图中创建Box模型，然后利用中心对称删除一半的模型结构，通过编辑多边形制作出基本的模型形态。作为角色头顶头发的基础模型，这里只需要制作一半模型，然后通过镜像对称来完成即可（见图5-99）。

接下来通过加线细化模型结构（见图5-100），然后我们在每一个多边形矩形面内，利用点层级下的Cut命令连接矩形对角的顶点，添加交叉的边线（见图5-101）。选中矩形面内新添加边线相交的顶点，向外拖曳，制作出类似锥形的模型结构，我们将其作为角色头发的模型结构，具体形态可以参照原画设定图（见图5-102）。

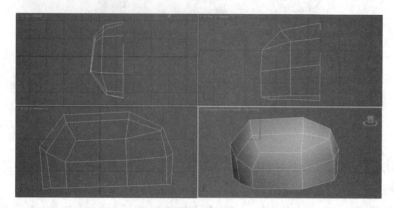

· 图5-99｜制作角色头顶模型结构

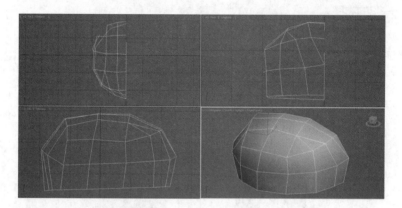

· 图5-100｜细化模型结构

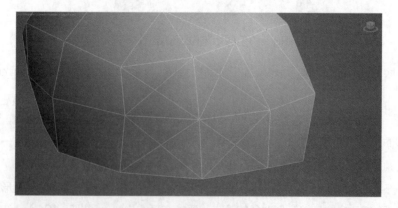

· 图5-101｜添加交叉边线

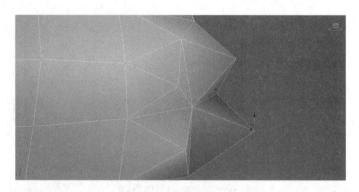

· 图5-102｜拖曳顶点制作头发模型结构

利用这种方法完成整个头顶头发模型结构的制作（见图5-103）。接下来在头发下边缘的位置，利用面片模型制作出发带模型结构，制作一半即可（见图5-104）。要注意头部后方头发与发带的衔接处理（见图5-105）。然后利用Box模型和面片模型制作出发带背面的结扣模型结构（见图5-106）。

· 图5-103｜制作整个头顶头发模型结构

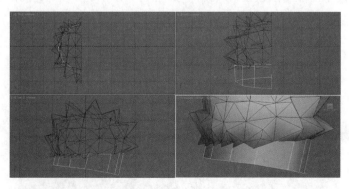

· 图5-104｜制作发带模型结构

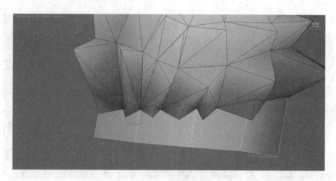

· 图5-105 | 后方头发与发带的衔接处理

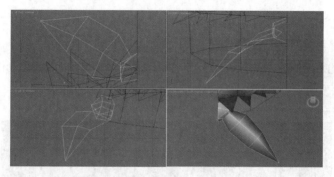

· 图5-106 | 制作发带背面结扣模型结构

　　发带制作完成后，我们对模型添加Symmetry修改器命令，让其实现镜像对称。然后选中发带模型底部的边线，按住【Shift】键向下拖曳复制，并向下延伸编辑，制作出脸部模型结构的基本轮廓（见图5-107）。接下来进一步编辑脸部模型结构，利用面层级的挤出命令制作出脖子的模型结构，然后通过添加边线制作出角色鼻子的大致形态（见图5-108）。继续增加边线，细化鼻子和下巴的模型结构（见图5-109）。然后通过添加边线制作出角色嘴部的模型结构，由于是Q版模型，只需利用简单的布线来制作模型的局部结构即可（见图5-110）。

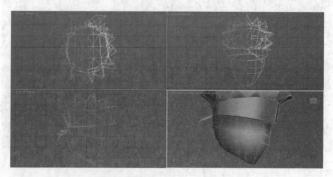

· 图5-107 | 制作脸部模型结构的基本轮廓

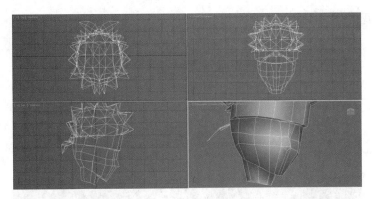

· 图5-108 | 制作脖子和鼻子的模型结构

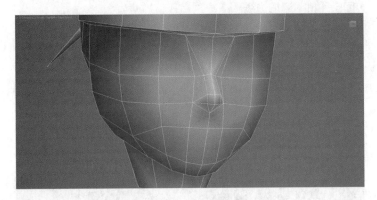

· 图5-109 | 细化鼻子和下巴的模型结构

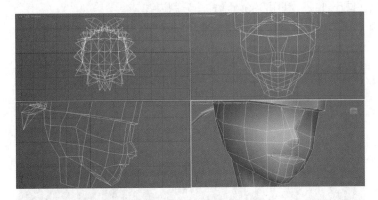

· 图5-110 | 制作角色嘴部的模型结构

下面在眼部模型面中间利用Cut命令添加一条边线（见图5-111）。然后选中新加的边线，利用边层级下的Chamfer命令将其一分为二（见图5-112），接着通过进一步的布线和编辑完成眼部模型的制作。这里不需要制作出眼球的模型结构，其细节主要通过后面的贴图来表现（见图5-113）。

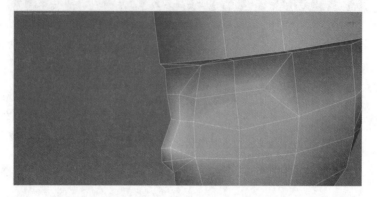

· 图5-111 | 添加边线

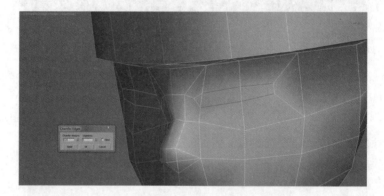

· 图5-112 | 利用Chamfer命令分割边线

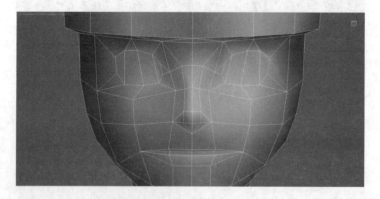

· 图5-113 | 制作眼部模型结构

在脸部模型侧面，利用布线和面层级下的挤出命令制作出耳朵的模型结构（见

图5-114）。然后制作耳朵后方、发带以下的头发模型结构，方法与头顶头发的制作相同（见图5-115）。头部模型结构制作完成后，我们开始制作躯干模型结构，首先在脖子周围利用编辑多边形制作出衣领的模型结构（见图5-116）。

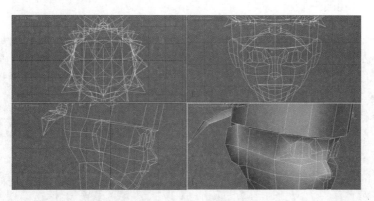

· 图5-114 ｜ 制作耳朵模型结构

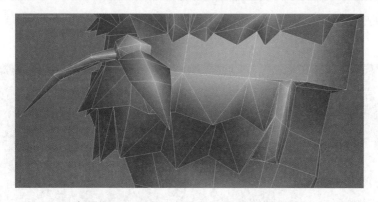

· 图5-115 ｜ 制作耳朵后方、发带以下的头发模型结构

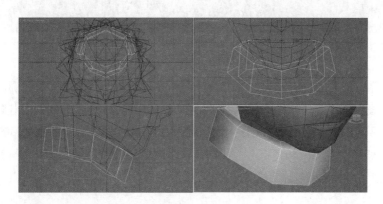

· 图5-116 ｜ 制作衣领模型结构

接下来沿着衣领模型向下延伸编辑，制作出躯干的基本形态（见图5-117），然后在角色腰腹部增加分段布线，细化模型结构。对于Q版模型结构来说，需要考虑到后期的骨骼绑定和角色运动，所以只需在关节和运动部位适当增加分段即可，其他模型结构部分主要以简化的大面为主（见图5-118）。

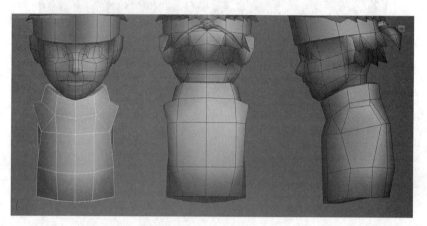

· 图5-117｜制作躯干的基本形态

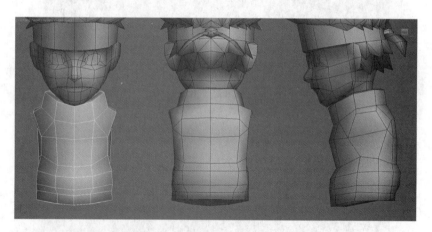

· 图5-118｜增加分段来细化模型

之后编辑躯干侧面的模型结构，添加适当的边线，制作出臂膀的横截面轮廓，然后删除模型面（见图5-119）。进入多边形Border层级，利用拖曳复制的方式制作出胳膊的模型结构（见图5-120）。然后增加分段，尤其是运动关节处，同时制作衣服袖口的模型结构（见图5-121）。最后制作出手部模型结构，与袖口进行衔接插入（见图5-122）。这样，角色模型的上半身就全部制作完成了，效果见图5-123。

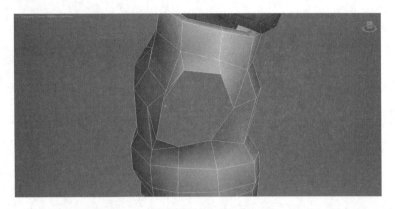

· 图5-119 │ 编辑躯干侧面模型结构

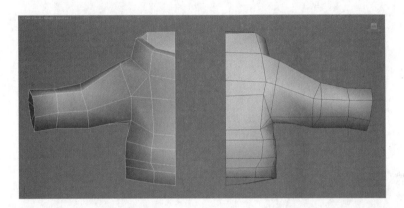

· 图5-120 │ 制作胳膊模型结构

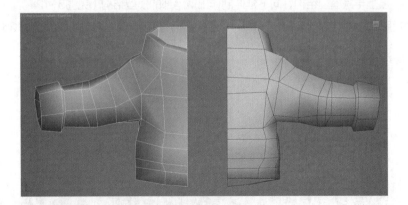

· 图5-121 │ 制作衣服袖口模型结构

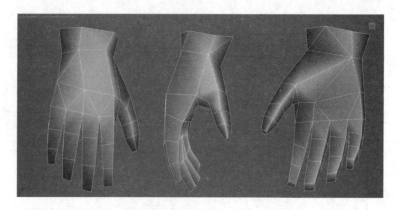

·图5-122 | 制作手部模型结构

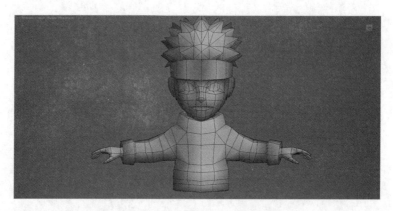

·图5-123 | 制作完成的上半身模型结构效果

　　接着沿着上半身模型结构，向下延伸制作出臀胯部的模型结构（见图5-124）。向下继续制作出角色腿部的模型结构（见图5-125）。最后制作角色脚部模型结构（见图5-126）。

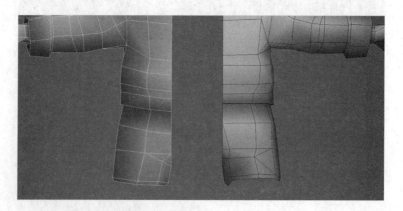

·图5-124 | 制作臀胯部模型结构

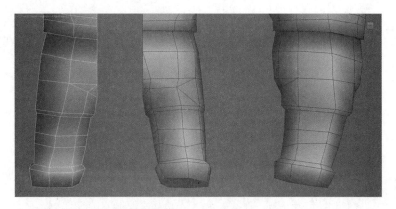

· 图5-125│制作腿部模型结构

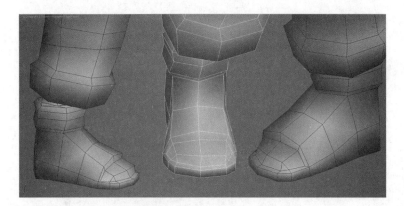

· 图5-126│制作脚部模型结构

完成以上操作后，我们为模型制作腿部和肩部的附属装饰模型结构（见图5-127、图5-128）。这样，Q版角色的模型结构部分就全部制作完成了，最终效果见图5-129。

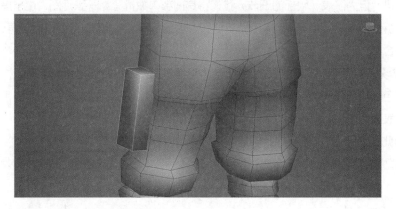

· 图5-127│制作腿部装饰模型结构

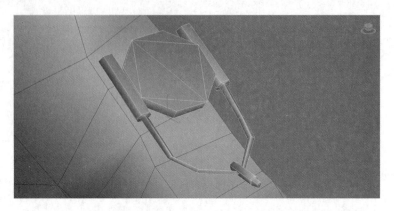

• 图5-128 | 制作肩部装饰模型结构

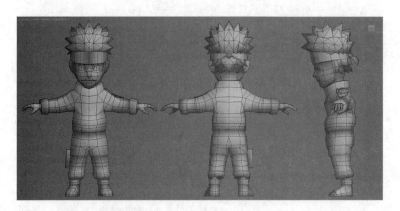

• 图5-129 | 模型最终效果

　　模型全部制作完成后，我们就要对模型UV进行拆分。对于Q版游戏角色模型来说，由于贴图追求卡通风格，不注重细节的刻画，角色的全部UV包括武器和装备等都拆分在一张贴图上即可，但为了表现脸部的细节，我们将其面部单独拆分为一张贴图。由于角色为对称结构，在拆分UV前可以先删除Symmetry修改器，然后将所有模型连到一起，再进行UV的平展和拼合。

　　UV拆分完成后就可以进行贴图的绘制了。为了保持Q版游戏角色的卡通风格，贴图所使用的颜色一般比较鲜艳亮丽，色彩纯度较高。Q版风格贴图的绘制一般利用大色块进行填充，简单表现明暗关系即可。与写实类模型贴图相比，Q版贴图整体非常柔和，不需要叠加纹理，因此模型UV的拉伸不会太明显，这也是Q版模型的一大特点。图5-130所示为Q版角色模型贴图绘制的效果，图5-131所示为视图场景中模型添加贴图的最终效果。

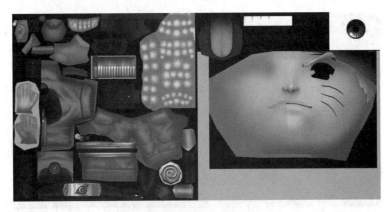

· 图5-130 | Q版角色模型贴图效果

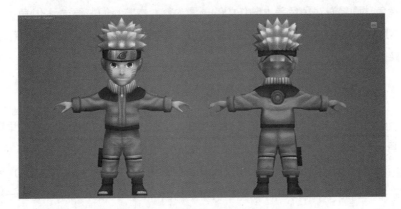

· 图5-131 | 添加贴图后的模型最终效果

5.6 | 手机游戏3D角色模型动画制作

　　在前面的章节中我们讲过，2D手机游戏中的角色动画主要是通过序列帧动画来实现的，而3D游戏中的角色动画则要涉及骨骼绑定和角色动作的调节。3D角色模型美术师将游戏角色模型制作完成后交给游戏动画师，然后由动画师将角色模型与3D软件中的骨骼系统进行绑定，同时调整蒙皮的权重，确定骨骼的活动范围，这样3D游戏角色就具备了可动性。之后动画师根据运动学规律对游戏角色进行动作的调节，制作出一段一段的动作文件，如跑步、行走、跳跃、战斗技能等文件，这样，导入游戏引擎后，系统可以根据角色收到的操作命令来读取相应的动作文件，这就是3D游戏中角色动画的基本原理（见图5-132）。

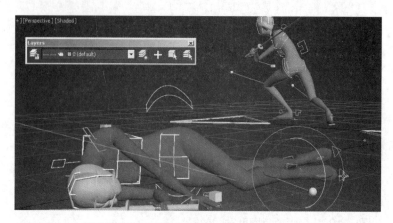

· 图5-132 | 游戏角色动画的基本原理

　　游戏角色动画是游戏角色美术制作中的重要内容，本节我们主要学习3D角色动画的制作。3D游戏角色动画的制作主要涉及3D游戏角色模型的骨骼绑定和动作调节，下面结合实例进行讲解。

5.6.1　角色模型骨骼绑定与蒙皮

　　骨骼系统是3ds Max中的一个重要系统模块，也是3D动画的核心部分。在早期的软件版本中，骨骼系统需要制作者根据角色模型形态自己创建，并没有现成的骨骼模板。3ds Max 6.0版本后，加入了Bipe骨骼系统。Bipe骨骼系统是3ds Max专门为人形角色模型设计的骨骼系统，我们可以直接创建出人体骨骼模板，只需简单设置就能完成骨骼与模型的匹配，大大提高了工作效率（见图5-133）。下面简单介绍3D人体模型的骨骼绑定和蒙皮。

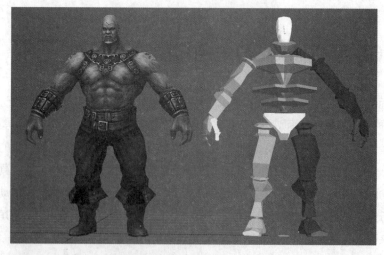

· 图5-133 | Bipe骨骼系统

在3ds Max的创建面板下，在System面板中单击Biped按钮，通过拖曳鼠标创建出Bipe骨骼模板（见图5-134）。

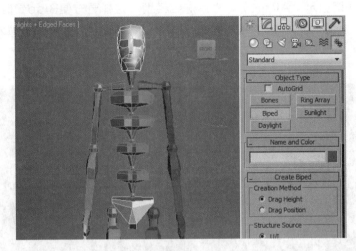

· 图5-134｜创建Bipe骨骼模板

选中创建出的骨骼模板，单击Motion面板按钮，打开Bipe骨骼系统的设置面板。单击Biped标签栏下的Figure Mode按钮，只有这个按钮激活时才能对骨骼进行调整和设置。当骨骼调整完成后，必须将按钮关闭。如果忘记关闭该按钮，则之后的操作仍然被判定为设置和调整骨骼。用户可以通过Structure面板进行参数调整，包括脊柱骨节数量、手指关节数量等的设置（见图5-135）。

· 图5-135｜Bipe骨骼系统的设置面板

之后在视图窗口中导入一个3D人体角色模型，调整Bipe骨骼和模型位置，使骨骼的各部分与人体模型对齐。通过Front 和Right 视图进行观察，保证各个角度重合。此时可以将角色模型半透明显示（Alt+X），然后冻结模型，这样更方便Bipe骨骼的对齐（见图5-136）。完成对齐操作后，一定要记得关闭Figure Mode按钮。这样就基本完成了骨骼和模型的匹配。

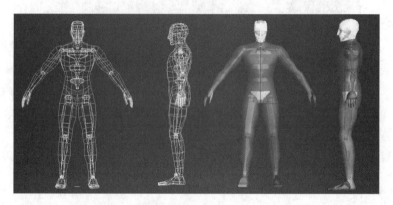

・图5-136｜使骨骼对齐角色模型

骨骼创建完成后，骨骼和角色模型仍然是两个独立的个体，无法得到实际需要的效果。我们需要对角色模型添加蒙皮修改器，以使骨骼真正与模型合为一体，利用骨骼来操纵模型。选中人体模型，在堆栈列表中选择并添加Skin修改器命令（见图5-137）。

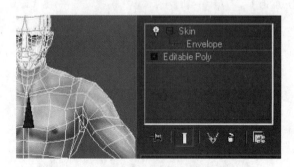

・图5-137｜选择并添加Skin修改器命令

在Envelope（封套）面板中，单击Add 按钮，添加Bipe作为模型的骨骼，这里我们要选中所有的骨骼，这样才能实现所有骨骼的蒙皮效果（见图5-138）。

接下来我们要对每一块骨骼进行封套设置。所谓封套，就是设置每一块骨骼所控制的模型点面范围区间。这里我们选中列表中的Bip01 Head，也就是头部骨骼。我们可以看到，视图中头部模型周围的顶点显示出颜色变化，红色顶点为骨骼完全控制下的模型部分，也就是说，这部分顶点会随骨骼的移动做出最大形变。除此以外，还有橙色和黄色顶点，形变依次减弱，而蓝色顶点则代表模型不会随着骨骼进行形变。头部外围的线框和节点就是封套的控制节点，我们可以通过调节模型上顶点的颜色实现骨骼对模型的影响（见图5-139）。

• 图5-138 | 添加蒙皮骨骼

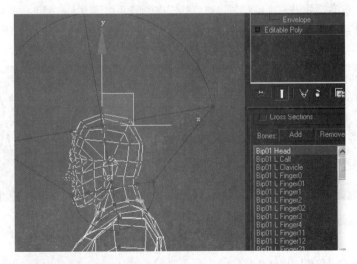

• 图5-139 | 设置头部封套

之后的任务就是仔细调整每一块骨骼的封套，保证骨骼能够正确影响模型。这里我们可以单击面板下的Mirror Mode按钮来进入镜像模式。在镜像模式中，我们只需要调整一侧身体的骨骼封套即可，然后通过镜像作用于另一侧，节省制作时间（见图5-140）。

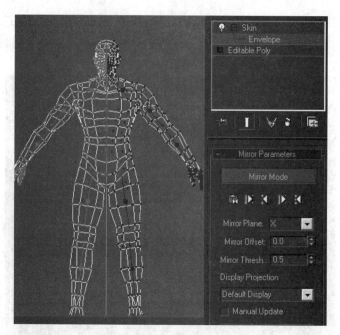

· 图5-140 | 通过镜像模式调整封套

　　封套调整完成后，我们可以通过移动和旋转骨骼来检验封套是否到位。显示角色模型，可以看到，图5-141左图中的大腿骨骼蒙皮效果很糟糕，因为随着肢体的运动，关节处的模型变形严重，这时需要进一步调整封套对点的权重影响，直到得到右图那样的效果。蒙皮和封套的调节是十分复杂的工作，需要仔细调整才能得到完美的效果。

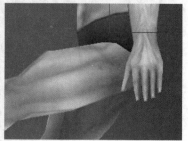

· 图5-141 | 封套的调整

5.6.2　角色模型动画制作

　　游戏角色模型动画的制作从原理和技术上来说并不复杂，操作方式也比较简单，但是因为游戏动画更多的是应用运动学规律进行制作的，所以动画制作经验尤为重要。在本小节中，我们将通过简单的实例介绍角色模型动画的基本制作方法。

3ds Max的动画操作面板位于软件视窗的右下角，除了几个按钮外，就是动画关键帧时间轴。当我们激活Set K.按钮后就可以开始记录关键帧，拖动时间轴的滑块，在时间轴的某一帧上单击面板左侧的 ⊶ 按钮就可以创建关键帧，也就是说此刻模型的状态被记录了下来。在不同关键帧之间，软件通过运算进行衔接，也就是完成了一个关键帧到另一个关键帧的动画过程。面板右侧是动画播放按钮（见图5-142）。

· 图5-142｜动画操作面板

下面我们简单制作一个游戏角色的行走动画。因为行走动作是循环动作，所以我们只需要调整一组动作，让这一组动作的开始帧和结束帧完全相同，就能实现行走动作。通常将现实中的1s算作24帧，如果把一次腿部交替的行走动作记作1s，那么就需要制作24帧动画。

首先，在3ds Max视图中导入一个已经完成骨骼绑定和蒙皮的游戏角色模型。调整好第1帧的起始动作，打开关键帧记录按钮，单击关键帧创建按钮，将当前动作记录下来。此时的动作是右脚和左手在前，左脚和右手在后。因为第1帧跟第24帧是完全相同的动作，所以我们将时间轴滑块拖动到第24帧的位置，再次单击关键帧记录按钮，将同样的动作设定在24帧（见图5-143）。

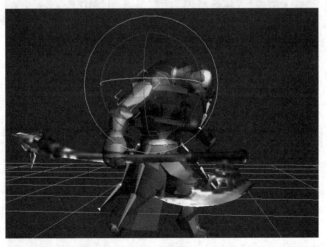

· 图5-143｜调整开始和结束帧的动作

通常，调整一组动作就是将动作逐渐等分的过程，确定起止帧后再调整中间帧的动作。因此，我们将时间轴滑块拖动到第12帧，调整出与起止帧完全相反的动作，也就是右脚和左手在后，左脚和右手在前（见图5-144）。同时要注意，第1、12和24帧的角色轴心点的高度应保持一致。

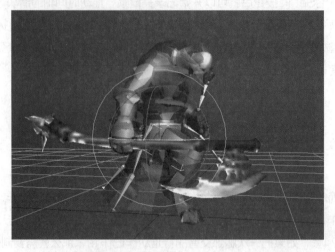

· 图5-144 | 调整第12帧的动作

接下来我们将时间轴滑块拖动到第6帧，调整出双脚同时着地和双手下垂的动作。第18帧也是相同的动作，同样记录好关键帧（见图5-145）。

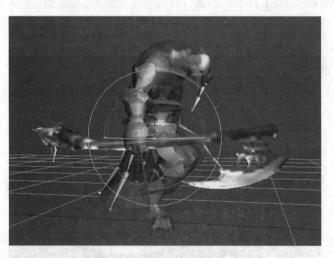

· 图5-145 | 调整第6帧和第18帧的动作

然后我们选取第3帧并调整动作。根据运动学规律，这是角色行走动作循环中轴心点的最低处，根据第1和6帧的动作幅度选取中间值进行动作姿态的调整。第15和4帧的原理一样，只是动作相反（见图5-146）。

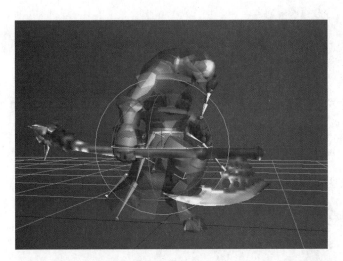

• 图5-146 │ 调整第3和15帧的动作

最后调整第9和21帧的动作，此时的角色轴心点位于运动的最高处，根据前后帧的动作幅度调整动作中间值。第21与9帧的动作相反。这样，行走动作的循环就完成了（见图5-147）。单击动画播放按钮就可以看到完整的角色行走循环动画。

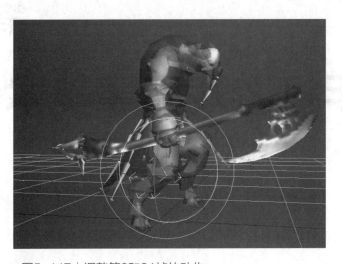

• 图5-147 │ 调整第9和21帧的动作

第 6 章

手机游戏引擎美术设计

6.1 | 游戏引擎的定义

"引擎"（Engine）这个词汇最早出现在汽车领域。引擎是汽车的动力来源，是汽车的心脏，决定着汽车的性能和稳定性。汽车的速度、操纵感等都是建立在引擎的基础上。计算机游戏也是如此，玩家所体验到的剧情、关卡、音乐等内容都是由游戏的引擎直接控制的。引擎扮演着中场发动机的角色，可把游戏中的所有元素捆绑在一起，在后台指挥它们同步有序地工作（见图6-1）。

· 图6-1 | 游戏引擎

例如，在某游戏的一个场景中，玩家控制的角色躲藏在屋子里，敌人正在屋子外面搜索该角色。突然，玩家控制的士兵碰倒了桌子上的一个杯子，杯子坠地，发出破碎声，敌人听到屋子里的声音之后聚集到玩家控制的角色所在位置，玩家控制的角色开枪射击敌人，子弹引爆了周围的易燃物，产生爆炸效果。这一过程便是游戏引擎在后台起着作用，控制着游戏中的一举一动。简单来说，游戏引擎就是用于控制所有游戏功能的主程序，从模型控制，到计算碰撞、物理系统和物体的相对位置，再到接收玩家的输入，以及按照正确的音量输出声音等，都属于游戏引擎的功能范畴。

无论是2D游戏还是3D游戏，无论是角色扮演游戏、即时策略游戏、冒险解谜游戏还是动作射击游戏，哪怕是只有1MB的桌面小游戏，都有一段起控制作用的代码，这段代码就称为引擎。在早期的像素游戏时代，一段简单的程序编码可以称为引擎，但随着技术的发展，如今的游戏引擎已经发展为一套由多个子系统共同构成的复杂系统，从建模、动画到光影及粒子特效，从物理系统、碰撞检测到文件管理、网络特性，还有专业的编辑工具和插件，几乎涵盖了开发过程中的所有重要环节，这一切所构成的集合系统才是真正意义上的游戏引擎。一套完整成熟的游戏引擎必须包含以下几方面的功能。

（1）提供光影效果。光影效果即场景中的光源对所有物体的影响方式。游戏的光影效果完全是由引擎控制的。折射、反射等基本的光学原理，以及动态光源、彩色光源等高级效果，都是通过游戏引擎的不同编程技术实现的。

（2）提供动画系统。目前游戏所采用的动画系统可以分为两种：一种是骨骼动画系统，另一种是模型动画系统。前者用内置的骨骼带动物体运动，后者则是在模型的基础上直接进行变形。游戏引擎通过这两种动画系统的结合表现出丰富的动画效果。

（3）提供物理系统。这可以使物体的运动遵循固定的规律。例如，当角色跳起时，系统内定的重力值将决定能跳多高，以及下落的速度有多快。另外，子弹的飞行轨迹、车辆的颠簸方式也都由物理系统决定。

碰撞探测是物理系统的核心部分，它可以探测游戏中各物体的物理边缘。当两个3D物体撞在一起的时候，碰撞探测可以防止它们相互穿过。

（4）渲染。当3D模型制作完毕后，游戏美术师会对模型添加材质和贴图，最后通过引擎渲染把模型、动画、光影、特效等的所有效果实时计算出来，并展示在屏幕上。渲染模块在游戏引擎的所有部件中是最复杂的，其强大与否直接决定着最终游戏画面的质量（见图6-2）。

· 图6-2 ｜ 游戏引擎的即时渲染能力

（5）负责玩家与计算机之间的沟通，处理来自键盘、鼠标、摇杆和其他外设的输入信号。如果游戏支持联网的话，那么网络代码会被集成在引擎中，用于管理客户端与服务器之间的通信。

时至今日，游戏引擎已从早期游戏开发的附属变成中流砥柱。对于一款游戏来说，能实现什么样的效果，在很大程度上取决于所使用游戏引擎的能力。下面我们来总结一下优秀游戏引擎所具备的优点。

1. 完整的游戏功能

随着游戏要求的提高，现在的游戏引擎不再是简单的3D图形引擎，而是涵盖了3D图形、音效处理、AI运算、物理碰撞等各种组件,所以齐全的功能和模块化的组件设计是游戏引擎所必需的。

2. 强大的编辑器和第三方插件

优秀的游戏引擎还要具备强大的编辑器,包括场景编辑、模型编辑、动画编辑、特效编辑等。编辑器的功能越强大,美工人员可发挥的余地就越大,做出的效果也越好。插件使得第三方软件(如3ds Max、Maya等)可以与引擎对接,无缝实现模型的导入和导出。

3. 简洁有效的SDK接口

优秀的引擎会把复杂的图像算法封装在模块内,对外提供的则是简洁有效的SDK接口,有助于游戏开发人员迅速上手,这一点就像各种编程语言一样,越高级的语言越容易使用(见图6-3)。

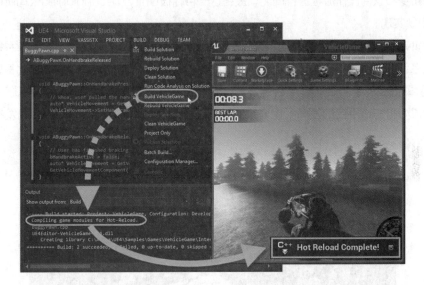

· 图6-3 | 简洁的SDK接口

4. 其他辅助支持

优秀的游戏引擎还提供网络、数据库、脚本等功能,这一点对于面向网游的引擎来说尤其重要。网游要考虑服务器端的状况,要在保证优异画质的同时降低服务器端的压力。

以上4条,今天大多数的游戏引擎都已具备。当我们回顾过去的游戏引擎时便会发现,这些功能也都是从无到有慢慢发展起来的,早期的游戏引擎在今天看来已经没有什么优势,但是正是这些先行者推动了今日游戏制作的发展。

6.2 | 主流手机游戏引擎介绍

1. Unity引擎

随着智能手机在世界范围的普及，手机游戏成为网络游戏之后的游戏领域的另一个主流。手机平台上利用Java语言开发的平面像素游戏已经不能满足人们的需要，手机玩家需要获得与PC平台同样的游戏视觉画面，这样3D类手机游戏应运而生。

虽然像Unreal这类大型的3D游戏引擎也可以用于3D手机游戏的开发，但无论从工作流程、资源配置还是发布平台来看，大型3D引擎操作复杂，工作流程烦琐，需要硬件支持，这本来是自身的优势，在手机游戏平台上反而成了弱势。由于手机游戏具有容量小、流程短、操作性强、单机化等特点，这决定了手机游戏3D引擎在保证视觉画面的同时要尽可能对引擎自身和软件操作流程进行简化，最终这一目标被Unity Technologies公司所研发的Unity引擎实现。

Unity引擎自身具备所有大型3D游戏引擎的基本系统，如具有高质量的渲染系统、高级光照系统、粒子系统、动画系统、地形编辑系统、UI系统、物理引擎等。在此基础上，Unity引擎最大的优势在于多平台的发布支持和低廉的软件授权费用。Unity引擎不仅支持苹果iOS和安卓平台的发布，同时也支持对PC、Mac、Wii、Xbox等平台的发布（见图6-4）。

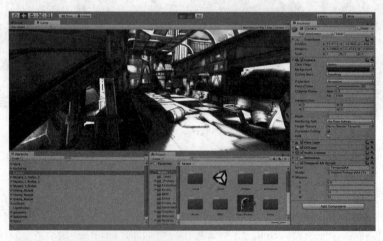

· 图6-4 | Unity引擎界面

除了授权版本外，Unity还提供了免费版本，虽然简化了一些功能，但却为开发者提供了Union和Asset Store销售平台。任何游戏制作者都可以把自己的作品放到Union商城上销售。而专业版Unity 3D Pro的授权费用，个人开发者也承担得起，这对于很多独立游戏制作者无疑是最大的实惠。Unity引擎的这些优势让不少单机游戏厂商选择用其来开发游戏产品。

　　Unity引擎在手机游戏研发市场所占的份额已经超过50%，Unity在目前的游戏制作领域中除了用于手机游戏的研发外，还用于网页游戏的制作，甚至许多大型单机游戏也逐渐开始购买Unity的引擎授权。虽然今天的Unity还无法和Unreal、CryEngine、Gamebryo等知名引擎平起平坐，但我们应该看到Unity引擎的巨大潜力。

　　利用Unity引擎开发的手机游戏和网页游戏代表游戏有"神庙逃亡2""武士2复仇""极限摩托车2""王者之剑""绝命武装""AVP：革命""坦克英雄""新仙剑OL""绝代双骄""天神传""梦幻国度2"等。

　　经过多年的积淀，Unity开发商决定加入次时代引擎的竞争中。2015年3月，在备受瞩目的GDC 2015游戏开发者大会上，Unity Technologies正式发布了次时代多平台引擎开发工具——Unity 5（见图6-5）。

・图6-5｜Unity 5引擎LOGO

　　Unity 5包含大量新内容，例如，整合了Enlighten即时光源系统及带有物理特性的Shader，未来的作品将能呈现令人惊艳的高品质角色、环境、照明等效果。另外，由于采用全新的整合着色架构，可以即时从编辑器中预览光照贴图，提升Asset打包效率。此外，还有一个针对音效设计师开发的全新的音源混音系统，可以让开发者创造动态音乐和音效。Unity 5将整合Unity Cloud广告互享网络服务，让手机游戏可以交互推广彼此的广告。Unity 5还将整合WebGL，这样，未来发布到网页的项目将不需要安装播放器插件，使原本已经非常强大的多平台发布更加强大。

2. 虚幻引擎

　　自1999年具有历史意义的"虚幻竞技场"（Unreal Tournament）发布以来，该系列游戏一直引领世界FPS游戏的潮流，并不逊于同期风头正盛的"雷神之锤"系列。从第一代虚幻引擎开始，就展现了Epic公司对于游戏引擎技术研发的坚定决心。2006年，虚幻3引擎问世，彻底奠定了虚幻作为世界级主流引擎及Epic公司作为世界顶级引擎生产商的地位。2014年，虚幻4引擎（Unreal Engine 4）正式发布，拉开了次时代游戏引擎的序幕（见图6-6）。

· 图6-6｜虚幻4引擎LOGO

虚幻4引擎是一套以DirectX 11图像技术为基础的为 PC、Xbox One、PlayStation 4平台开发的完整的游戏开发构架，提供了大量的核心技术阵列和内容编辑工具，支持高端开发团队的基础项目建设。虚幻4引擎的所有制作理念都是为了更加容易地进行游戏制作和编程的开发，让美术人员尽量使用最少的程序及辅助工具来自由创建虚拟环境。同时提供给程序编写者高效率的模块和可扩展的开发构架，用来创建、测试和完成各种类型的游戏制作。

作为虚幻3引擎的升级，虚幻4引擎可以处理极其细腻的模型。通常，游戏的人物模型由几百至几千个多边形面组成，而使用虚幻4引擎可以创建一个由数百万多边形面组成的超精细模型，并可对模型进行细致的渲染，然后得到一张高品质的法线贴图。这张法线贴图记录了高精度模型的所有光照信息和通道信息，在最终运行的时候，游戏会自动将这张带有全部渲染信息的法线贴图应用到一个低多边形面数（通常多边形面在15000～30000之间）的模型上。最终的效果是，虽然游戏模型的多边形面数较少，但却拥有高精度的模型细节，在保证效果的同时节省了硬件资源。这就是现在次时代游戏制作中常用的"法线贴图"技术，而虚幻引擎也成为世界范围内法线贴图技术的最早引领者（见图6-7）。

· 图6-7｜利用高模映射烘焙制作法线贴图

除此之外，虚幻4引擎还具备新的材料流水线、蓝图视觉化脚本、直观蓝图调试、内容浏览器、人物动画、Matinee影院级工具集、全新地形和植被、后期处理效果、热重载（Hot Reload）、模拟与沉浸式视角、即时游戏预览、AI人工智能、音频、中间件集成等一系列全新特性。

虚幻引擎是近几年世界上最为流行的游戏引擎，基于它开发的大作无数。虚幻4引擎在刚发布的时候采用了付费授权的模式，开发者只需每月支付19美元的订阅费就可以获得其全部的功能、工具、文档、更新内容及托管在GitHub上的完整的C++源码。2015年3月，Epic Games宣布虚幻4引擎的授权将完全免费，所有的开发者均可免费获得虚幻4引擎的所有工具、功能、平台可用性，以及全部源代码、完整项目、范例内容、常规更新和Bug修复等。开发的游戏产品在实现商业化销售后，每季度首次盈利超3000美元才需支付5%的版权费用，而对于诸如建筑项目、模拟和可视化的电影项目、承包项目和咨询项目，则不必支付版权费用。如此开放的政策为游戏研发团队和个人提供了切实的推动力，对于日后的整个游戏研发领域也起到了十分积极的作用。

虽然目前来说虚幻引擎更多的是被应用于PC游戏平台，但从虚幻3引擎开始已经有越来越多的高品质手机游戏选择虚幻引擎，加上虚幻4引擎对于移动平台的更好支持，我们相信，随着未来手机硬件的发展，虚幻引擎可以在手机游戏领域得到更广泛的应用。

3. Cocos2d-x

Cocos2d-x是在MIT许可证下发布的开源游戏引擎，功能强大。2015年2月，触控科技正式推出了游戏开发一站式解决方案——Cocos，将Cocos2d-x（见图6-8）、Cocos Studio、Cocos Code IDE等框架及工具整合在一起。Cocos2d-x的核心优势在于允许开发人员利用C++、Lua及JavaScript进行跨平台部署，覆盖平台包括iOS、Android、Windows Phone、Windows、Mac OS X 3及Tizen等，省时省力，省成本。

· 图6-8 | Cocos2d-x的LOGO

Cocos2d-x的用户不仅包括个人开发者和游戏开发爱好者,还包括许多知名大公司,如Zynga、Wooga、Gamevil、Glu、GREE、Konami、TinyCo、HandyGames、IGG及Disney Mobile等。目前,全球基于Cocos2d-x引擎的游戏下载量高达几十亿,其中许多游戏还占据了苹果应用商店(AppStore)和谷歌应用商店(Google Play)排行榜。同时,许多公司(如触控、谷歌、微软、ARM、英特尔)的工程师在Cocos2d-x领域也非常活跃。

另外,Cocos2d-x版本升级困难的问题是许多开发者的一大苦恼,而经过整合的Cocos解决了Cocos2d-x的这一问题。升级Cocos,其相匹配的Cocos2d-x也将自动进行升级,这极大地提高了开发效率,为开发者带来便利,同时也为Cocos2d-x的进一步发展打下基础。

Cocos2d也拥有几个主要版本,包括Cocos2d-iPhone、Cocos2d-X,以及被普遍看好的Cocos2d-HTML5和JavaScript bindings for Cocos2d-X等。其中,Cocos2d-HTML5 是基于HTML5规范集的Cocos2d引擎分支,具有跨平台的能力和强大的性能。该分支的目标是能对游戏进行跨平台部署。Cocos2d-HTML5 采用MIT开源协议,在设计上保持了Cocos2d家族的传统架构,并可联合Cocos2d-x JavaScript-binding接口,最大限度地实现了游戏代码在不同平台上的使用。

Cocos2d-x JavaScript-binding是使用SpiderMonkey引擎实现C++接口到JavaScript 的绑定方案,它可以使用JavaScript快速开发游戏,以更简单的语法实现功能,并且能与 Cocos2D-HTML5相互兼容,能使同一套代码运行在两个平台。相较Lua,这是一个明显优势。

Cocos Studio是一套基于Cocos2d-x引擎的工具集,包括UI编辑器、动画编辑器、场景编辑器和数据编辑器。UI编辑器和动画编辑器主要面向美术,而场景编辑器和数据编辑器则面向游戏策划。这4种工具合在一起构成了一套完整的游戏开发体系,可帮助开发者进一步降低开发难度,提高开发效率,减少开发成本。

目前,占有率领先的移动游戏引擎主要有Cocos2d-x、Unity、Unreal和Corona等。不同的统计方给出的数据各有差异,但总体来讲,行业首选的游戏引擎主要为Cocos2d-x与Unity。从全球市场份额数据来看,主要覆盖中端市场的Unity相对领先,Cocos2d-x则主要占据高端与低端市场,约占市场的1/4。在中国的2D手机游戏开发中,Cocos2d-x引擎的份额超过70%。

4. Corona SDK

Corona SDK 对大部分人来说相当陌生,其实 Corona SDK 在很久以前就已经引起了世界的注意,那是因为一位14岁的小男孩利用其撰写了一款名为Bubble Ball的免费游戏。该游戏打败Angry Birds并在iTunes Store蝉联两周下载量冠军。这个消息让众人相当惊讶，因为开发App并不是一件容易的事，而一位14岁的小男孩居然可以通过Corona SDK写出高质量的游戏，人们开始好奇Corona SDK究竟是什么东西。

Corona SDK是由两位Adobe公司的离职员工创办的，他们都曾在Adobe公司担任重要的角色，其中一位更是Flash Lite Team的首席工程师。他们离职后，随即在2007年成立了Corona Labs，并在2009年发布了Corona SDK 1.0，当时尚未有跨平台的功能，只能针对iPhone进行开发。一直到2010年，发布的Corona SDK 2.0及Corona Game Edition Beta开始支持跨平台，并且提供了各种方便撰写游戏的API。下面我们来介绍Corona SDK的一些优点。

（1）简单易学。Corona SDK所使用的语言为Lua，而Lua是一套轻量级的脚本语言，本身语法相当简易。Corona SDK包含了各种API，用户可以通过Lua语言呼叫，并可以直接使用。原生语言需要10行程序代码才能完成的事情，Corona SDK可以将其简化到一行程序代码。程序代码少的好处是开发者可以更专注于App内容的设计，而更少的程序代码也代表着更清楚易懂的程序架构与更少的除错时间。

（2）完善的API支持。Corona SDK提供了各种完善的API，开发者可以轻易地使用手机硬件本身的功能，如地理位置系统、加速度计、罗盘等，而针对其他功能，如推播信息、广告等，Corona SDK也做了完善的支持。甚至针对社群方面，也有Facebook的API可以呼叫。

（3）强大的游戏API。Corona SDK最大的卖点就是其对游戏功能的支持。开发者下载并安装完Corona SDK之后，不需要再做任何额外的环境设定即可开始使用其内建的功能开发游戏。其支持的游戏功能包括物理引擎、Sprite Sheet、动画、绘图处理等，而这些游戏功能API的语法也相当易用，对于快速开发游戏而言是一大利器。

（4）丰富的在线资源。虽然Corona SDK的网络社群并不能和Android与iOS相提并论，但是官方对于社群的维护相当重视，在官网提供了一个讨论板Share Code，资深开发人员可以分享自己撰写好的Sample Code。该讨论板中的大部分Sample Code保持了良好的质量与清楚的说明，初学者可以轻松地使用这些范例。当使用者遇到任何问题时，官方网站往往会在第一时间响应说明。

虽然Corona SDK有许多优点与特色，但仍然有一些待改善的地方。第一点是Corona SDK没有自己的整合开发环境。通常，开发Lua是通过简单的文本编辑器进行的，因此没办法进行自动编译除错，往往在执行期才能知道错误的地方。第二点依然与开发环境有关，Corona SDK没有办法通过传输线直接执行于手机装置，若要实机测试，只能先将程序代码通过部署的方式编译成.apk或.app，再安装于手机装置。而部署时必须与其官方网站联机来认证使用者身份，这将导致在没有网络的情况下无法实机测试App。

6.3 | 手机游戏引擎编辑器使用流程

游戏引擎是一个十分复杂的综合概念，其中包括众多的内容，既包括抽象的逻辑程序概念，也包括具象的实际操作平台。引擎编辑器就是游戏引擎中最为直观的交互平台，它承载了企划、美术制作人员与游戏程序的衔接任务。一套成熟、完整的游戏引擎编辑器一般包含以下几部分：场景地图编辑器、场景模型编辑器、角色模型编辑器、动画特效编辑器和任务编辑器。不同的编辑器负责不同的制作任务，以供不同的游戏制作人员使用。

在以上所有的引擎编辑器中，最重要的就是场景地图编辑器，因为其他编辑器制作完成的对象最后都要加入场景地图编辑器中，也可以说，整个游戏内容的搭建和制作都是在场景地图编辑器中完成的。笼统地说，场景地图编辑器就是一种即时渲染显示的游戏场景地图制作工具，可以用来管理游戏的场景地图数据。它的主要任务就是将所有的游戏美术元素整合起来，完成游戏整体场景的搭建、制作和最终输出。现在，世界上所有先进的商业游戏引擎都会把场景地图编辑器作为重点设计对象，将一切尖端技术加入其中，因为引擎场景地图编辑器的优劣决定了游戏整体视觉效果的好坏。下面我们详细介绍游戏引擎场景地图编辑器及其功能。

6.3.1 创建场景地形

地形编辑功能是引擎场景地图编辑器的重要功能之一，也是其最为基础的功能。通常来说，3D游戏场景中的大部分地形、地表、山体等并不是3ds Max制作的模型，而是利用场景地图编辑器生成并编辑制作完成的（见图6-9）。下面我们通过简单的地图地形的制作来了解引擎场景地图编辑器的地形编辑功能。

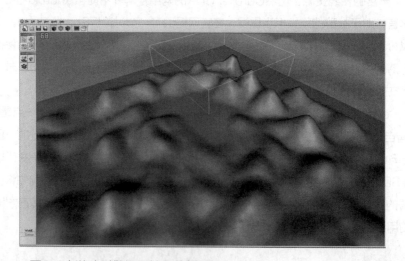

· 图6-9 | 游戏引擎场景地图编辑器

根据游戏规划的内容，在确定了场景地图的大小之后，我们就可以通过场景地图编辑器正式进行场景地图的制作。首先，我们需要根据规划的尺寸来生成地图区块。场景地图编辑器中的地图区块相当于3ds Max中Plane模型，地图中有若干相同数量的横向和纵向分段（Segment），分段之间所构成的矩形就是衡量地图区块的最小单位，我们可以以此为标准来生成既定尺寸的场景地图。在生成场景地图区块之前，我们要对整个地图的基本地形环境有所把握，因为初始地图区块并不是独立生成的光秃秃的地理平面，而是伴随着整个地图的地形环境生成的。下面我们利用3ds Max来模拟讲解这一过程。

在游戏引擎场景地图编辑器中导入一张黑白位图，这张位图中的黑白像素可以控制整个地图区块的基本地形面貌（见图6-10）。在图6-10中，右侧是导入的位图，而左侧是根据位图生成的地图区块。可以看到，地图区块中已经随机生成了与位图相对应的基本地形，位图中的白色区域在地表区块中形成了隆起的地形。利用位图生成地形的目的是可以更加快捷地编辑局部的地形地貌。

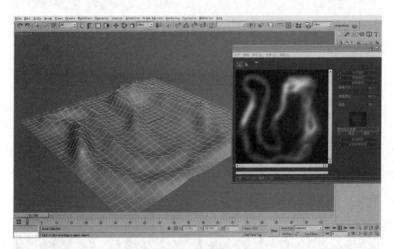

• 图6-10 | 利用黑白位图生成地形的大致地貌

接下来进行地表的局部细节的编辑与制作，这里我们仍然利用3ds Max来模拟制作。在3ds Max编辑多边形命令层级菜单下方有Paint Deformation（变形绘制）面板，其功能与游戏引擎场景地图编辑器中的地形编辑功能如出一辙，都是利用绘制的方式来编辑多边形的点、线、面。图6-11所示为地形绘制的3种最基本的笔刷模式，左侧为拉起地形操作，中间为塌陷地形操作，右侧为踏平操作，再加上柔化笔刷，就可以完成游戏场景中不同地形的编辑与制作。

引擎场景地图编辑器的地形编辑功能除了可对地形地表操作外，另一个重要的功能是地形贴图的绘制。贴图绘制和模型编辑在场景地形制作上是相辅相成的，在模型编辑时还要考虑地形贴图的特点，只有相互配合才能最终完成场景地表形态的制作。图6-12中的雪山山体的岩石肌理和山脊上的残雪都是利用场景地图编辑器的地表贴图绘制功能实现的。

下面我们介绍地表贴图绘制的流程和基本原理。

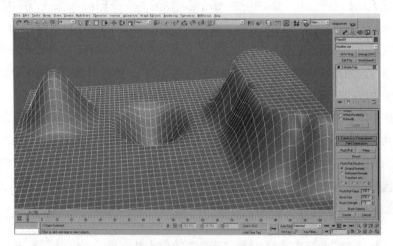

· 图6-11 | 3种基本的地形绘制笔刷模式

· 图6-12 | 利用引擎场景地图编辑器制作的雪山地形

从功能上来说，场景地图编辑器的笔刷分为两种：地形笔刷和材质笔刷。把笔刷切换为材质笔刷，这样就可以为编辑完成的地表模型绘制贴图材质。在场景地图编辑器中包含一个地表材质库，我们可以将自己制作的贴图导入其中，这些贴图必须是四方连续贴图，通常尺寸为1024×1024像素或者512×512像素，之后就可以在场景地图编辑器中调用这些贴图来绘制地表。

场景地图中的地形区块相当于3ds Max中的Plane模型，上面包含众多的点、线、面，而场景地图编辑器绘制地表贴图的原理就是利用这些点、线、面，使用材质笔刷将贴图绘制在模型的顶点上，引擎程序通过相应的算法来进行绘制，还可以模拟出羽化的效果，使地表贴图之间完美衔接。

考虑到硬件和引擎运算的负担，在场景地表模型的每一个顶点上不能同时绘制太多的贴图。一般来说，同一顶点上的贴图数量不超过4张。如果已经存在4张贴图，那么就无法绘制第5张贴图。不同的游戏引擎在这方面都有不同的要求和限制。下面我们就简单模拟在同一张地表区块中来绘制不同地表贴图的效果（见图6-13）。

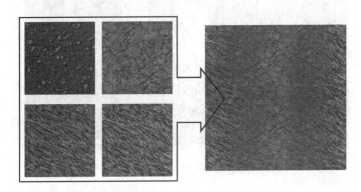

· 图6-13 | 地表贴图的绘制效果

我们用图6-13左侧的贴图来代表地表材质库中的4张贴图，左上角的沙石地面为地表基本材质，我们要在地表中间绘制出右上角的道路纹理，还要在两侧绘制出两种颜色衔接的草地，右侧图就是模拟的最终效果。具体绘制方法非常简单，材质笔刷类似于Photoshop中的羽化笔刷，可以调节笔刷的强度、大小范围和贴图的透明度，然后根据地形的起伏在不同的地表结构上选择合适的地表贴图进行绘制。

场景地图地表的制作难点并不是引擎编辑器的使用，其原理功能和具体操作都非常简单，关键是对自然场景实际风貌的了解及对艺术塑造的把握。要想将场景地表地形制作得真实自然，就要通过图片、视频甚至身临其境地去感受和了解自然场景的风格特点，然后利用自己的艺术能力加以塑造，让知识与实际相结合，自然与艺术相融合，这才是游戏场景制作的精髓所在。

6.3.2 导入模型元素

在场景地图编辑器中完成地表的编辑制作后，需要将模型元素导入进来，进行局部场景的编辑和整合，这就是引擎场景地图编辑器的另一重要功能——模型导入。在3ds Max中制作完模型之后，通常要将模型的重心归置到模型的中心，并将其归位到坐标系的中心位置，还要根据各自引擎和游戏的要求调整模型的大小及比例，之后利用游戏引擎提供的导出工具，将模型从3ds Max导出为引擎需要的格式文件，再将这种特定格式的文件导入到游戏引擎的模型库中，这样场景地图编辑器就可以在场景地图中随时导入来调用模型。图6-14所示为虚幻游戏引擎的场景地图编辑器操作界面，右侧的图形和列表窗口就是引擎的模型库，我们可以在场景地图编辑器中随时调用需要的模型，来进一步完成局部细节的场景制作。

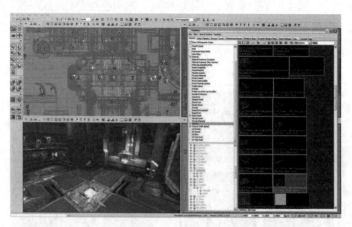

· 图6-14 ｜ 虚幻引擎的场景地图编辑器操作界面

6.3.3 编辑和设置模型

游戏引擎场景地图编辑器的另外一项功能是设置模型物体的属性，这通常是高级游戏引擎具备的一项功能，主要是对场景地图中的模型物体进行更加复杂的属性设置（见图6-15）。例如，通过Shader来设置模型的反光度，透明度，自发光或者水体、玻璃、冰的折射率等参数。高级属性设置可以让游戏场景更加真实自然，同时也能体现游戏引擎的先进性。

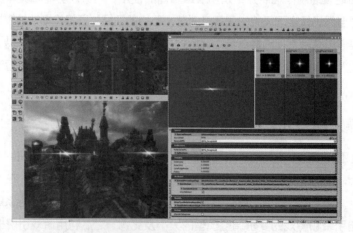

· 图6-15 ｜ 在场景地图编辑器中设置模型物体的属性

6.3.4　添加粒子及动画特效

当场景地图的制作大致完成后，通常我们需要对场景进行修饰和润色，最基本的手段就是添加粒子特效和场景动画。其实，粒子特效和场景动画的制作并不是在场景地图编辑器中进行的，游戏引擎会提供专门的特效动画编辑器，具体特效和动画的制作都是在这个编辑器中完成的。之后，与模型的操作方式和原理相同，把特效和动画导出为特定的格式文件，然后导入到游戏引擎的特效动画库中以供场景地图编辑器使用。在场景地图编辑器中对特效动画的操作与对普通场景模型的操作方式基本相同，都是对操作对象进行缩放、旋转、移动等基本操作，配合整个场景的编辑、整合与制作。图6-16所示为虚幻引擎的特效编辑器操作界面。

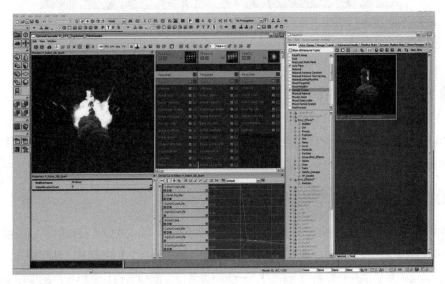

· 图6-16 │ 虚幻引擎的特效编辑器操作界面

6.3.5　设置触发事件和摄像机动画

设置触发事件和摄像机动画是游戏引擎的高级应用功能。通常，为了满足游戏剧情的需要，会设置玩家与NPC的互动事件，或者是利用镜头来展示特定场景。这类似于游戏引擎的"导演系统"，玩家可以通过场景编辑器中的功能将场景模型、角色模型和游戏摄像机根据自己的需要进行编排，根据游戏剧本完成一场戏剧化的演出。这些功能通常都是游戏引擎中最为高端和复杂的部分。不同的游戏引擎都有各自的制作模式，而现在成熟的游戏引擎都是商业化引擎，我们很难学习具体的操作过程，这里只是简单了解。图6-17所示为虚幻引擎的导演控制系统操作界面。

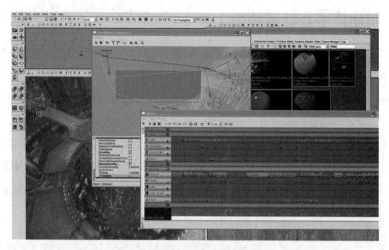

·图6-17 | 虚幻引擎的导演控制系统操作界面

6.4 | 手机游戏引擎编辑器实例制作

本节我们将利用Unity 3D游戏引擎编辑器制作一个基本的室外游戏场景，通过实例介绍游戏引擎编辑器制作场景的基本流程和操作方法。

6.4.1 3ds Max模型优化与导出

对于要应用于游戏引擎的3D模型来说，当模型在3ds Max中制作完成时，它所包含的基本内容有模型尺寸、单位、模型名称、模型贴图、贴图坐标、贴图尺寸、贴图格式、材质球等。这些内容必须是符合制作规范的，一个归类清晰、面数节省、制作规范的模型文件对于游戏引擎的程序控制管理来说是十分必要的。

在3ds Max中，制作单一模型的面数不能超过65000个三角形面，即32500个多边形（Polygon）。如果超过这个数量，那么模型物体不会在引擎编辑器中显示出来，这就要求我们在模型制作的时候必须时刻对模型面数进行控制。在3ds Max中，我们可以通过File菜单下的Summary Info工具或者面板中的Polygon Counter工具来查看模型物体的多边形面数。每一种游戏引擎编辑器都有自己对于模型面数的限制和要求，而省面的原则也是游戏模型制作中时刻需要遵循的最基本原则。

在3ds Max中制作完成的游戏模型，我们一定要对其Pivot（轴心）进行重新设置，可以通过3ds Max的Hierarchy面板下的Adjust Pivot选项进行设置。对于场景模型来说，应尽量将轴心设置为模型基底平面的中心，同时要将模型的重心与视图坐标系的原点对齐（见图6-18）。

• 图6-18 | 在3ds Max中设置模型的轴心

对于模型制作，通常以"米（Meters）"为单位，我们可以在3ds Max的Customize（自定义）菜单下，通过Units Setup命令来进行设置，在弹出的面板中选择Metric单选按钮，在下面的下拉列表框中选择Meters选项，并在System Unit Setup对话框中设置系统单位缩放比例为1Unit=1.0Meters（见图6-19）。

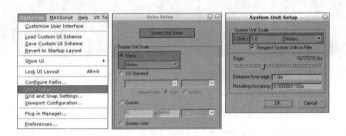

• 图6-19 | 在3ds Max中设置系统单位

最好采用Editable Poly（编辑多边形）进行建模，这种建模方式在最后烘焙时不会出现三角面现象。如果采用Editable Mesh，则在最终烘焙时可能会出现三角面的情况。要注意删除场景中多余的多边形面。在建模时，玩家角色视角以外的模型面都可以删除，主要是为了提高贴图的利用率，降低整个场景的面数，提高交互场景的运行速度，如模型底面、贴着墙壁物体的背面等都可删除。同一物体下的不同模型结构，在制作完成并导出前，要将所有模型部分塌陷并连接为一个整体模型，然后对模型进行命名、设置轴心、整理材质球等操作。

Unity引擎并不支持3ds Max中所有的材质球类型，一般只支持标准材质（Standard）和多重子物体材质（Multi/Sub-Object），而多重子物体材质球中也只能包含标准材质球。多重子物体材质中的材质球数量不能超过10。对于材质球的设置，我们通常只应用到通道系统，而其他如高光反光度、透明度等设置，在导入Unity引擎后是不被支持的。

在实际项目模型的制作中，还有一个必须要了解的概念，那就是碰撞盒。所谓"碰撞盒"，就是指包围在模型表面的用来帮助引擎计算物理碰撞的模型面。如果把制作完成的场景或建筑模型导入到游戏引擎，在实际的游戏当中，玩家操控的角色并不会与任何模型发生碰撞关系，角色靠近模型后会出现直接穿透模型的现象。因为在游戏引擎中，模型面和碰撞面是两个完全独立的部分，只有当模型被赋予碰撞面后，才会与玩家角色发生碰撞关系。

由于玩家角色并不能与模型的所有部分都发生碰撞，因此如果整体复制模型来当作碰撞面，则会产生大量废面，占用大量引擎资源，加重引擎负荷。所以通常情况下，当场景或建筑模型制作完成后，要单独制作模型的"碰撞盒"。图6-20中透明的模型面就是建筑模型的"碰撞盒"，制作原则是，用面要尽量精简，同时要尽量贴近模型原本的表面，让碰撞计算更加精确。

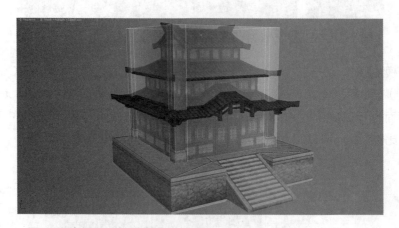

· 图6-20 | 场景建筑模型的碰撞盒

当模型制作完成以后，需要对模型进行导出，对于Unity引擎来说，最为兼容的模型导出格式为FBX。FBX是Autodesk Motion Builder固有的文件格式，Motion Builder系统用于创建、编辑和混合运动捕捉及关键帧动画。FBX也是能与Autodesk Revit Architecture共享数据的文件格式。虽然Unity引擎支持3ds Max导出的众多3D格式文件，但在兼容性和对象完整保持度上，FBX格式要优于其他文件格式，成为3ds Max输出到Unity引擎的最佳文件格式，也被Unity官方推荐为指定的文件导入格式。

当模型或动画特效在3ds Max中制作完成后，可以通过File（文件）菜单下的Export命令进行模型导出。我们可以对制作的整个场景进行导出，也可以对当前选中物体进行导出，然后在路径保存面板中选择FBX文件格式，弹出FBX Export面板，我们可以在面板中对需要导出的内容进行选择性设置。

在Export面板中可设置包括多边形、动画、摄像机、灯光、嵌入媒体等内容的输出与保存。在Advanced Options（高级选项）中，可以对导出的单位、坐标、UI等参数进行设置。设置完成，单击OK按钮，就完成了对FBX格式文件的导出。

6.4.2 游戏引擎编辑器创建场景

场景模型元素制作完成后，我们就要在Unity引擎编辑器中创建场景地形。地形是游戏场景搭建的平台和基础，所有美术元素最终都要在引擎编辑器的地形场景中进行整合。创建地形之前，首先需要在Photoshop中绘制出地形的高度图，高度图决定了场景地形的大致地理结构（见图6-21）。图中的黑色部分表示地表水平面，越亮的部分表示地形海拔越高。高度图的导入可以方便后期更加快捷地进行地表编辑与制作。

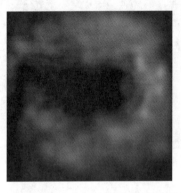

· 图6-21 | 在Photoshop中绘制地形高度图

启动Unity引擎编辑器，首先通过Terrain菜单下的创建地形命令创建出基本的地表平面，然后选择Terrain菜单下的Set Heightmap Resolution命令，设置地形的基本参数。我们将地形的长、宽和高分别设置为800、800和600，其他参数保持不变，然后单击Set Resolution按钮。地形尺寸设置完成后，我们通过Terrain菜单下的Import Heightmap命令导入之前制作的地形高度图（见图6-22）。

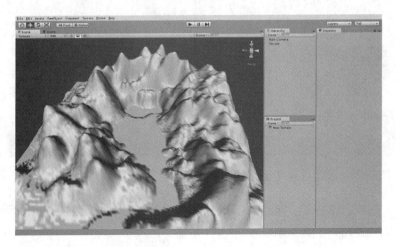

· 图6-22 | 导入地形高度图

基本的地形结构创建出来后，我们需要利用Inspector面板中的Smooth Height工具对地形进行柔化处理，这样做是为了消除高度图导入时造成的地形起伏转折（见图6-23）。

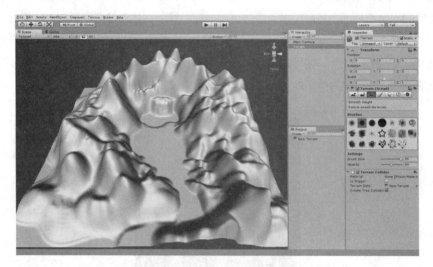

· 图6-23｜柔化地形

接下来通过Inspector面板中的绘制高度工具制作出山地中央的平坦地形，这是后期我们用来放置场景模型的主要区域，也是游戏场景中角色的行动区域（见图6-24）。

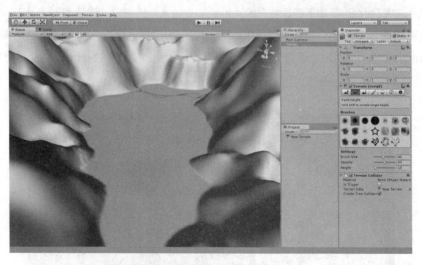

· 图6-24｜利用绘制高度工具制作地形

在水池靠近山脉的一侧，用绘制笔刷制作出两个平台式的地形结构，较低的平台用来制作巨树模型，较高的平台用来制作瀑布效果（见图6-25）。

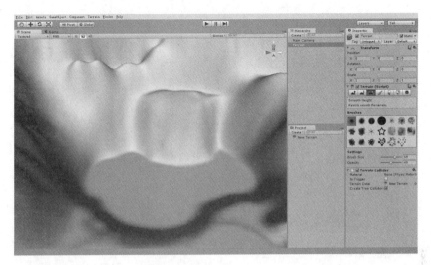

• 图6-25｜制作平台式地形结构

基本的地形结构制作完成后，我们在Inspector面板中为地形添加一张基本的地表贴图。这里选择一张草地的贴图作为地形的基底纹理，在设置面板中将贴图的X、Y平铺参数设置为5，缩小贴图比例，使草地纹理更加密集（见图6-26）。

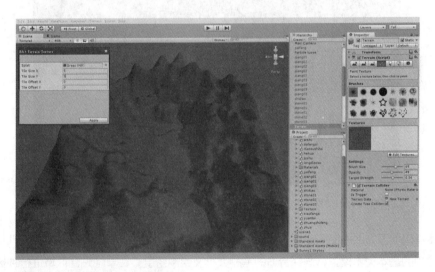

• 图6-26｜添加地表贴图并设置

继续导入一张接近草地色调的岩石纹理贴图，选择合适的笔刷，在凸起的地形结构上进行绘制。这一张贴图主要用于过渡草地和后面的岩石纹理。接下来导入一张质感坚硬的岩石纹理贴图，在地形凸起的区域进行小范围的绘制，形成山体的岩石效果（见图6-27）。

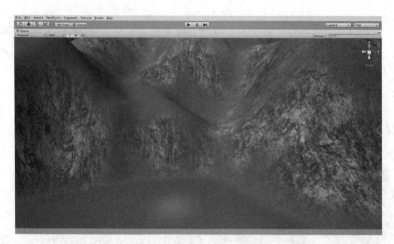

·图6-27｜绘制岩石纹理

第四张地表贴图为石砖纹理贴图，用来绘制场景的地面区域，主要用作角色行走的道路。这里要注意调整笔刷的力度和透明度，处理好石砖与草地的衔接（见图6-28）。

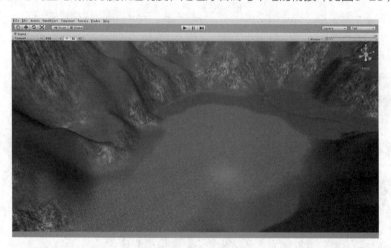

·图6-28｜绘制石砖纹理

基本的地表贴图绘制完成后，我们启动Inspector面板中的植树工具模块，添加Unity预置资源中的基本树木模型，选择合适的笔刷大小及绘制密度，在草地贴图区域进行种树操作（见图6-29）。然后，在树木模型周围的草地贴图区域内进行草地植被模型的绘制。

接下来在Unity引擎编辑器中通过GameObject菜单下的Create Other命令创建Directional Light光源，模拟场景的日光效果，并利用旋转工具调整光照的角度。在Inspector面板中对灯光的基本参数进行设置，将Intensity（光照强度）设置为0.8，选择光照的颜色，在Shadow Type（阴影模式）中选择Soft Shadows选项，同时设置Flare（耀斑）效果（见图6-30）。

• 图6-29｜种植树木

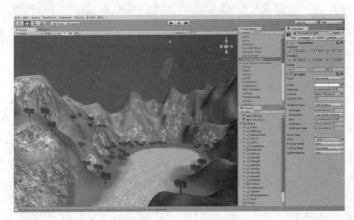

• 图6-30｜添加光源并设置

最后选择Edit菜单中的Render Settings命令，在Inspector面板中选择Skybox Material选项，为场景添加天空盒子（见图6-31）。这样，整个场景的基本地形环境效果就制作完成了。

• 图6-31｜添加天空盒子

6.4.3 游戏模型的导入与设置

基本地形制作完成后，我们需要对之前制作的模型元素进行导出和导入的相关设置。首先需要将3ds Max中的模型文件导出为FBX格式文件，导出前需要在3ds Max中进行一系列的格式规范化操作。选择3ds Max菜单栏中Customize（自定义）菜单下的Units Setup命令，单击System Unit Setup按钮，将系统单位设置为厘米。接着打开之前制作的场景模型文件，在模型旁边创建一个长、宽、高分别为1、1、1.8的Box模型。我们发现建筑模型的整体比例比Box模型大得多，这时就需要根据Box模型，利用缩放命令调整建筑模型的整体比例，将其缩小到合适的尺寸（见图6-32）。

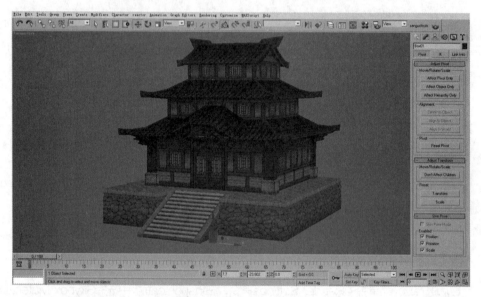

• 图6-32｜将模型缩小到适合的尺寸

在3ds Max的工具面板中选择Rescale World Units工具，将导出时的Scale Factor（比例因子）设置为100，也就是说，在模型导出时会被整体放大100倍，这样做是为了将模型导入Unity引擎后与3ds Max中的模型尺寸相同（见图6-33）。在导出前，我们还需要保证模型、材质球及贴图的命名格式规范且名称统一，检查模型的轴心点是否处于模型水平面中间，以及模型是否归位到坐标轴原点，一切都符合规范后，我们就可以将模型导出为FBX格式文件。

在将FBX格式文件导入到Unity引擎前，需要对Unity project（Unity项目）文件夹进行整理和规范。在Assets文件夹下创建Object文件夹，用来存放模型、材质及贴图文件资源。在Object文件夹下创建Materials和Texture文件夹，分别存放模型的材质球文件和贴图文件（见图6-34）。

· 图6-33 | 利用Rescale World Units工具设置导出比例因子

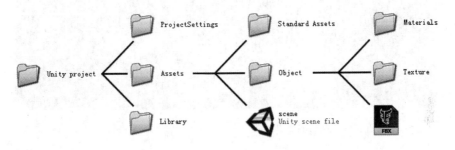

· 图6-34 | Unity project（Unity项目）文件夹结构

接下来我们可以将FBX格式文件及贴图文件复制到创建好的资源目录中，然后启动Unity引擎编辑器，这样就能在Project（项目）面板中看到导入的各种资源文件了。此时可对导入的模型进行设置，选中Project（项目）面板中的模型资源，在Inspector面板中对模型的Shader进行设置。如果出现贴图丢失的情况，则可以重新指定贴图的路径。

6.4.4 游戏引擎中场景的整合与制作

场景元素的整合从根本上来说就是让场景模型与地形之间进行完美的衔接，确定模型在地表上的摆放位置，实现合理化的场景结构布局。在这一步开始前，通常我们会将需要的模型元素全部导入Unity引擎编辑器的场景视图，然后通过复制的方式随时调用适合的模型，实际操作的时候通常按照建筑模型、植物模型、岩石模型的顺序导入和摆放。首先将喷泉雕塑模型和圆形水池平台模型导入并放置于场景中央，并调整模型之间的位置关系。模型摆放完成后，利用地形工具绘制模型周边的地表贴图，保证模型和地表完美衔接。

然后，以喷泉和水池模型为中心，在其周围环绕式放置房屋建筑模型（见图6-35），并修饰建筑模型周围的地表贴图。在图6-35中，左侧为一大一小建筑，右侧为3座小型房屋建筑。在场景入口的道路中间导入牌坊模型（见图6-36）。

在场景地面与水塘交界处构建围墙结构，利用多组墙体模型进行组合构建，墙体模型之间利用塔楼做衔接，在中间设置拱门墙体，通过墙体结构将整体场景进行区域分割。墙体可以阻挡玩家的视线，玩家靠近并穿过后会发现奇特的新场景，这也是实际游戏场景制作中常用的处理方法（见图6-37）。

· 图6-35 | 布局房屋建筑模型

· 图6-36 | 导入牌坊模型

　　建筑模型基本整合完成后，我们开始导入场景中的植物模型。首先将巨树模型放置在水塘靠近山体一侧的平台地形上，让树木的根系一半扎入地表内，一半裸露在地表之上，利用地形绘制工具处理好地表与植物根系的衔接（见图6-38）。

　　导入成组的竹林模型，将其放置在房屋建筑后方的地表及水塘边，通过复制的方式营造大片竹林的效果。每一组模型都可以通过旋转、缩放等方式进行细微调整，让其具备真实自然的多样性变化（见图6-39）。

· 图6-37 | 构建围墙结构

· 图6-38 | 导入巨树模型并进行处理

· 图6-39 | 大面积布置竹林模型

在巨树模型后方的高地平台上放置拱形岩石模型，后面我们会在这里放置瀑布特效。将之前制作的各种单体岩石模型导入并放置于地表山体之上，营造远景的山体效果。当设置场景雾效后，这些山体模型会隐藏到雾中，只呈现外部轮廓效果（见图6-40）。

・图6-40｜制作远景山体效果

最后导入场景建筑附属的场景装饰模型，如大型房屋建筑门前的龙形雕塑抱鼓石模型（见图6-41）。到此，整个地图场景就基本制作完成了。

・图6-41｜导入龙形雕塑抱鼓石模型

▌6.4.5　场景的优化与渲染

在引擎场景地图编辑器中完成建筑、植物、山石等模型的布局后，最后一步要在游戏场景中添加各种特效，以进一步烘托场景氛围，增强场景的视觉效果。添加特效主要包括为场景添加水面和瀑布、喷泉、落叶等粒子特效，以及为整个场景地图添加雾效。

首先，从Project（项目）面板中调用Unity预置资源中的Daylight Water水面效果，并将其添加到场景视图中，利用缩放工具调整水面的大小，放置在喷泉雕塑所在的水池中。因为是近距离观察的水面，因此这里将Water Mode设置为Refractive（折射）模式（见图6-42）。

• 图6-42｜制作水池水面效果

将刚刚设置的水面复制一份，放置于水塘中，调整大小及比例，让水面与周围地形相接，然后在水面上放置成组的荷花植物模型（见图6-43）。

• 图6-43｜制作水塘水面效果并放置荷花植物模型

从Project（项目）面板中调用预置资源中的WaterFall粒子瀑布，将其放置在地形山体顶部，形成下落的瀑布效果。设置Inspector面板中的粒子参数，调整瀑布的宽度和水流长度（见图6-44）。

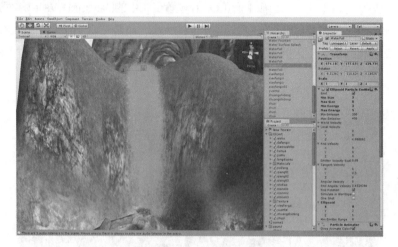

· 图6-44｜制作粒子瀑布效果

从Project（项目）面板中调用预置资源中的Water Fountain粒子喷泉，将粒子发射器放置在喷泉雕塑顶端（见图6-45）。接下来制作立柱下方兽面石刻的喷泉效果，这里利用WaterFall来模拟喷泉（见图6-46）。

· 图6-45｜制作顶部喷泉效果

最后我们为整个场景设置雾效。雾效可以让场景具有真实的大气效果，让场景更富层次感，这也是游戏场景中必须要设置的基本特效。单击Unity引擎编辑器的Edit菜单，选择Render Settings选项，在Inspector面板中勾选Fog复选框，激活雾效。Fog Color选项可以设置雾的颜色，通常设置为淡蓝色，将Fog Mode设置为Linear，将Fog Density设置为0.01，然后将雾的起始距离设置为50和500，也就是在玩家视线的50单位以外到500单位以内产生雾效（见图6-47）。

· 图6-46｜制作底部喷泉效果

· 图6-47｜添加场景雾效

接下来我们为整个游戏场景添加背景音乐。首先，需要在场景视图中创建第一人称角色
控制器，可以从Project（项目）面板的预置资源中调取。一个场景内的游戏背景音乐通常
是唯一的，而且只能针对角色控制器来添加。使用Component（组件）菜单下的Audio命
令为第一人称角色控制器添加Audio Source组件，然后将背景音乐的音频文件添加到
Audio Clip中（见图6-48）。

以上操作完毕后，单击工具栏中的播放按钮来启动游戏场景，这样就可以通过角色控制
器查看整个游戏场景了。最后，我们将制作的游戏场景进行简单的发布输出设置。选择File
菜单下的Build Settings命令，在弹出的面板中选择PC and Mac选项，选择Windows模

式，然后单击右下角的Build按钮，这样整个游戏场景就被输出成EXE格式的独立应用程序。运行程序，在首界面中可以设置窗口分辨率和画面质量，单击Play按钮即可启动运行游戏，图6-49所示为最终的游戏场景运行效果。

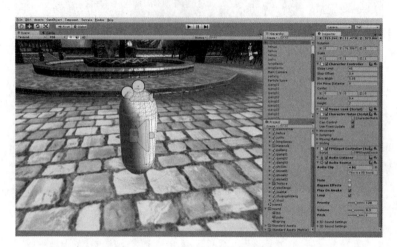

·图6-48 | 创建第一人称角色控制器并添加背景音乐

·图6-49 | 最终的游戏场景运行效果